U0597851

国家出版基金项目
NATIONAL PUBLICATION FOUNDATION

"十四五"时期国家重点出版物出版专项规划项目

中国天眼（FAST）工程丛书

中国天眼

总体卷

姜鹏 钱磊 朱明 著

人民邮电出版社

北 京

图书在版编目（CIP）数据

中国天眼. 总体卷 / 姜鹏，钱磊，朱明著. -- 北京 ：
人民邮电出版社，2024. 12. --（中国天眼（FAST）工程
丛书）. -- ISBN 978-7-115-64198-4

Ⅰ. TN16

中国国家版本馆 CIP 数据核字第 2024V87Y43 号

内 容 提 要

本书对一个已经开始成功运行的大科学装置——500 米口径球面射电望远镜（FAST）
的设计、建设、调试和运行情况进行系统总结，主要内容包括射电天文学和射电望远镜、
FAST 的设计概念、FAST 的核心科学目标、FAST 的建设和调试、FAST 的运行管理与成果、
FAST 的未来规划，以期为未来其他大科学工程的实施提供参考。此外，本书中介绍的射电
望远镜原理和射电天文观测的相关知识，对于培养射电天文学领域的后备人才也具有不可
忽视的积极意义。

本书适合地球科学、天文学等专业的高校师生和相关领域的科技工作者阅读参考。

◆ 著　　　　姜 鹏 钱 磊 朱 明
责任编辑　杨 凌 蒋 慧
责任印制　马振武

◆ 人民邮电出版社出版发行　　北京市丰台区成寿寺路 11 号
邮编　100164　　电子邮件　315@ptpress.com.cn
网址　https://www.ptpress.com.cn
北京盛通印刷股份有限公司印刷

◆ 开本：700×1000　1/16
印张：9.75　　　　　　2024 年 12 月第 1 版
字数：130 千字　　　　2024 年 12 月北京第 1 次印刷

定价：89.00 元

读者服务热线：(010)81055410　印装质量热线：(010)81055316
反盗版热线：(010)81055315

丛书编委会

主　编：姜　鹏

副主编：李　辉　甘恒谦　孙京海　朱　明

编　委：王启明　孙才红　朱博勤　朱文白

　　　　朱丽春　金乘进　张海燕　潘高峰

　　　　于东俊

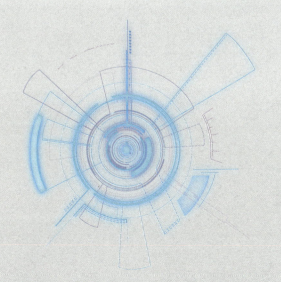

　　重大科技基础设施是为探索未知世界、发现自然规律、实现技术变革提供极限研究手段的大型复杂科学研究系统，是突破科学前沿、解决经济社会发展和国家安全重大科技问题的物质技术基础。在诸多重大科技基础设施之中，500米口径球面射电望远镜（FAST）——"中国天眼"，以其傲视全球的规模与灵敏度，成为中国乃至世界科技史上的璀璨明珠。

　　作为"中国天眼"曾经的建设者，我对参与这项举世瞩目的工程深感荣幸，更为"中国天眼（FAST）工程丛书"的出版感到无比喜悦与自豪。本丛书不仅完整记录了"中国天眼"从概念萌芽到建成运行的创新历程，更凝聚着建设团队二十余载的心血与智慧。翻开本丛书，那些攻坚克难的日日夜夜仿佛重现眼前：主动反射面、馈源支撑、测量与控制、接收机与终端等系统的建设，台址开挖、观测基地等单位工程的每一个细节，无不彰显着中国科技工作者的执着与担当。本丛书不仅是对过往奋斗历程的忠实记录，更是我国科技自立自强的生动写照。

　　"中国天眼（FAST）工程丛书"科学价值卓越。本丛书通过翔实的资料、严谨的数据和科学的记录，全面展示了当前世界最大单口径、最灵敏的射电望远镜——"中国天眼"的科学目标。"中国天眼"凭借其无与伦比的灵敏度，成功捕捉到来自遥远星系，甚至宇宙边缘的微弱信号。这些信号如同穿越时空的信使，为我们揭示了宇宙深处的奥秘。本丛书生动展示了"中国天眼"如何助力科学家们发现新的脉冲星、快速射电暴等天体现象，这些发现不仅丰富了天文学的观测数据库，更为我们理解极端物理条件下的天体形成机理提供了宝贵线索。

"中国天眼（FAST）工程丛书"技术解析深入。本丛书深入剖析了"中国天眼"在设计、建造、调试、运行等各个环节中的技术创新与突破。从选址的精心考量到结构的巧妙设计，从高精度定位系统的研发到海量数据的处理与分析，每一项技术成果都凝聚了无数科技工作者的智慧与汗水。这些技术创新不仅推动了我国天文学领域的进步，也为其他领域的科技发展提供了宝贵的经验和启示。

"中国天眼（FAST）工程丛书"社会意义深远。作为"十一五"期间立项的国家重大科技基础设施，"中国天眼"的建造和运行不仅提升了我国在全球科技竞争中的地位和影响力，更为我国创新驱动发展战略的实施注入了强大的动力。"中国天眼（FAST）工程丛书"是一套集科学性、技术性与人文性于一体的优秀著作。本丛书的出版，是对FAST工程最好的记录。它不仅系统梳理了工程建设的经验，为我们揭开了"中国天眼"这一神秘而伟大的科学装置的面纱；更展现了科技工作者追求卓越的精神，为我们提供了深入思考科学、技术与社会关系的宝贵素材。

希望本丛书能为射电天文从业者提供一些经验和技术借鉴，激励更多年轻人投身天文事业。未来，期待他们可以建设更多的天文大科学装置，在探索宇宙的道路上不断前行。

中国科学院国家天文台原台长

FAST工程经理、总指挥

2024年12月

在浩瀚宇宙的探索之旅中，每一次科技的飞跃都是人类智慧与勇气的结晶。作为中国天文学乃至国际天文学领域的一项壮举，500米口径球面射电望远镜（FAST）——"中国天眼"的建成与运行，无疑是射电天文探索宇宙奥秘历程中的一座重要里程碑。而今，随着"中国天眼（FAST）工程丛书"的问世，我们可以更加全面、深入地了解这一伟大工程，感受其背后的技术创新与科学精神。

作为一名在射电天文领域深耕多年的科研人员，我非常荣幸地向广大读者推荐这套珍贵的学术丛书。"中国天眼（FAST）工程丛书"分为5卷，每一卷聚焦"中国天眼"的不同维度，共同构建了一幅完整而丰富的科学画卷。

《中国天眼·总体卷》作为开篇之作，系统介绍了"中国天眼"的总体设计思路、建设背景及战略意义，为其余各卷的详细阐述奠定了坚实的基础。该卷不仅概览了工程全貌，而且深刻阐述了"中国天眼"在天文学领域的重要地位，对于理解其科学价值具有重要意义。

《中国天眼·结构、机械与工程力学卷》从专业技术的角度，详细剖析了"中国天眼"构造的奥秘。无论是独特的台址系统，还是极具特色的主动反射面和馈源支撑系统，都展现了我国科研人员与工程技术人员的智慧与精湛技艺。这些技术的成功应用，不仅保证了"中国天眼"的稳定运行与高效观测，更为我国乃至全球的工程技术树立了新的标杆。

《中国天眼·电子电气卷》将我们带入了一个充满科技与创新的电子世界。接收机的研制及性能测试、电磁兼容的研究及实现、电气系统的设计及实施……这些看似枯燥的技术细节，实则是"中国天眼"能够稳定运行并持续获得高质量科学数据的关键所在。

《中国天眼·测量与控制卷》聚焦测控系统的设计与实现。作为"中国天眼"的"神经系统"，测控系统负责望远镜的精准定位、稳定运行与数据采集等核心任务。该卷详细介绍了测控系统的设计思路、技术难点、分析方法及解决方案，让我们领略到现代测控技术的先进性与复杂性。

《中国天眼·数据与科学卷》介绍了"中国天眼"在数据采集、处理与存储方面的创新成果，不仅展示了"中国天眼"在寻找脉冲星、快速射电暴，以及中性氢巡天等领域的卓越表现，还探讨了这些发现对现代天文学研究的推动作用，是科研人员进行天文观测数据分析的实用指南。

"中国天眼（FAST）工程丛书"的出版，是 FAST 团队对多年建设、调试和运行经验的全面记录与总结，为未来重大科技基础设施建设提供了宝贵经验。同时，这套专业的学术丛书，为科研人员和相关专业的师生提供了重要的学习资料与技术参考，有助于科技人才培养，为射电天文及相关领域的发展注入强劲动力。

中国科学院紫金山天文台研究员 史生才

中国科学院院士

2024 年 12 月

人类仰望苍穹时，总是在想：我们是谁？我们从哪里来？我们要往哪里去？我们是否孤独？……如何科学解答人类的困惑，天文学家一直在努力寻求突破。

1609 年，意大利科学家伽利略用他自制的放大倍数为 32 倍的望远镜指向星空时，可谓人类第一次揭开宇宙的神秘面纱。随着科技的飞速发展，人类探索宇宙的手段日新月异。500 米口径球面射电望远镜（Five-hundred-meter Aperture Spherical radio Telescope，FAST）的建成，正是人类迈向未知世界的重要一步。

FAST 是"十一五"重大科技基础设施建设项目。该项目利用贵州的天然喀斯特洼地作为望远镜台址，建造世界最大单口径射电望远镜，以实现大天区面积、高精度的天文观测。项目总投资 11.7 亿元，2011 年 3 月 25 日开工建设，2016 年 9 月 25 日工程落成启用。落成启用当天，习近平总书记发来贺信指出："天文学是孕育重大原创发现的前沿科学，也是推动科技进步和创新的战略制高点。500 米口径球面射电望远镜被誉为'中国天眼'，是具有我国自主知识产权、世界最大单口径、最灵敏的射电望远镜。"从此，FAST 有了享誉全球的名字——中国天眼。

以南仁东为首的中国天文学家团队提出建设"中国天眼"的想法，并为之呕心沥血。在南仁东等老一辈科学家的带领下，"中国天眼"的工程技术人员迅速成长。为了工程建设，他们开始了异地坚守、舍家拼搏的奉献之旅。2011 天，数百名科技工作者用自己最好的青春年华，谱写了"中国天眼"最美的乐章。

2020 年 1 月，"中国天眼"通过国家验收后进入了安全、高效、稳定的望远镜运行阶段。FAST 拥有科学的管理模式、合理的运维体系、专业的运维队伍、开放的国际平台、海量的科学存储，实现了全链条、高效率的运行管理，连续四年荣获中国科学院国家重大科技基础设施评选第一名的佳绩。截至 2024 年 11 月，FAST 发现的脉冲星已超千颗，超过同一时期国际上其他望远镜发现脉冲星的总和；开展中性氢巡天任务，构建并释放了全球最大的中性氢星系样本，样本数量和数据质量远超国内外其他中性氢巡天项目；在脉冲星物理、快速射电暴起源、星系形成演化及引力波探测等领域，产出了一系列世界级科研成果。

11 篇重要成果发表于《自然》和《科学》主刊。快速射电暴相关成果入选《自然》《科学》杂志 2020 年度十大科学发现 / 突破，并于 2021 年、2022 年连续两年入选我国科学技术部发布的中国科学十大进展。"FAST 探测到纳赫兹引力波存在的关键性证据"这一成果入选《科学》杂志 2023 年度十大科学突破、中央广播电视总台发布的 2023 年度国内十大科技新闻和两院院士评选的 2023 年中国十大科技进展新闻。此外，FAST 团队获得了 9 项省部级科技一等奖及"中国土木工程詹天佑奖"等 19 项社会奖励，先后被授予首届国家卓越工程师团队、第六届全国专业技术人才先进集体、第 23 届中国青年五四奖章集体等多项荣誉称号。

为了总结 FAST 关键技术，传承科学精神，深入展现这一世界级天文观测设施的科技成就与建设历程，FAST 团队成员共同编撰了"中国天眼（FAST）工程丛书"。丛书旨在全面、深入、系统地记录 FAST 的科学目标、技术创新、工程建设、运行管理及其对科学研究的深远影响，为国内外科研人员立体而生动地呈现 FAST 全貌，同时也为我国的科技基础设施建设与运行管理提供宝贵的经验借鉴。

"中国天眼（FAST）工程丛书"包含 5 卷，每一卷聚焦 FAST 的不同维度，共同构成了"中国天眼"完整的知识体系。

《中国天眼·总体卷》作为丛书的开篇之作，从宏观视角出发，简述了射电天文学和射电望远镜，在此基础上全面阐述了 FAST 的设计概念、核心科学目标、建设与调试情况、运行管理情况及未来规划，使读者能够清晰地了解 FAST 的总体蓝图和发展历程。

《中国天眼·结构、机械与工程力学卷》从结构、机械与工程力学专业的角度对 FAST 进行介绍，内容涵盖望远镜台址系统和两大工艺系统——主动反射面和馈源支撑。回顾 FAST 从创新概念的提出，到当前已进入正常的设备运行维护这 20 多年的历史，讲述 FAST 在工程建设前的研发阶段，在工程建设、设备调试和设备运行维护期间，在望远镜结构、机械与工程力学等专业方面所面临的技术难题和挑战、解决问题的方法和设计方案、工程实施的详细过程等。该卷内容翔实，介绍了所涉及的专业理论、研究背景和可能的应用，对于有志从事相关研究的科研工作者和工程技术人员具有重要的参考意义，有助于培养启发性思维。

《中国天眼·电子电气卷》主要包括 3 部分内容：接收机研制及性能测试、电磁兼容研究及实现、电气系统设计及实施。第一部分汇总描述 FAST 7 套接收机的主要构成、性能指标、关键技术及研制过程，包括初步设计、详细设计、部件加工、组装测试、安装调试等。第二部分主要介绍 FAST 的电磁兼容指标、各分系统的电磁兼容设计及实施、各部件的电磁辐射特性及屏蔽效能测试、电磁波环境监测及保护等。第三部分主要介绍 FAST 供电系统设计及施工、综合布线系统设计及施工、各分系统电气设备的主要构成及功能、防雷系统设计及实施等。该卷从天眼工程实例出发，系统介绍望远镜接收机、电磁兼容系统以及电子电气系统的原理、设计、研制过程等，可以给射电天文从业者提供相关的参考。

《中国天眼·测量与控制卷》主要包括 3 部分内容。第一部分详细介绍建立基准控制网的过程，这是实现高精度测控的基础条件。高精度测量是望远镜控制乃至整个望远镜高效观测的前提。第二部分详细介绍望远镜测量，针对反射面和馈源支撑的不同测量需求，深入介绍多种测量方案和测量设备。第三部分详细介绍望远镜控制，控制系统是 FAST 在观测时实现望远镜功能和性能的执行机构，根据功能和控制对象的不同，分为总控、反射面控制和馈源支撑控制，涉及多种创新控制方法。该卷可以帮助读者了解 FAST 如何在复杂的环境中保持高精度运行，对于未来新一代、更先进的大型望远镜研制具有重要的参考借鉴作用。

《中国天眼·数据与科学卷》深入讲解 FAST 的科学目标、时域科学与频域科学、科学数据处理、科学数据存储，以及基于这些数据所开展的前沿科学研究。从发现新的脉冲星到研究黑洞和中性氢，从探索宇宙起源到寻找地外文明，FAST 正刷新着人类对宇宙的认知，展示了其在天文学发展方面的巨大潜力。同时，该卷可以帮助读者了解 FAST 海量数据的存储和管理过程，掌握海量数据存得住、管得好的实用方法。

"中国天眼（FAST）工程丛书"的顺利出版，得到了国家出版基金的大力支持以及人民邮电出版社的鼎力帮助。国家出版基金的资助，为丛书的编撰提供了坚实的资金保障；人民邮电出版社以其专业的编辑团队、丰富的出版经验，为丛书的顺利出版提供了全方位的支持与帮助。在此，我谨代表丛书编委会向国家出版基金和人民邮电出版社致以最诚挚的感谢！同时，也要感谢所有参与 FAST 项目设计、建设、运行与研究的科研人员、工程技术人员，以及为丛书编撰提供宝贵建议的各位同仁，是你们的辛勤工作与无私奉献，共同铸就了"中国天眼（FAST）工程丛书"这一科技与文化的结晶。

我们期待，"中国天眼（FAST）工程丛书"的出版能够激发更多人对科学的热爱与追求，推动天文学及相关领域的发展，为人类探索宇宙奥秘贡献更多的智慧与力量。

中国科学院国家天文台副台长

FAST 运行和发展中心主任、总工程师

2024 年 12 月

前　言

　　中国天眼（FAST）从概念提出到最终开放运行历经 26 年，其间经历了概念论证、预研究、项目立项、可行性研究、初步设计和工程建设等阶段，实现了多项技术创新，也探索了一套行之有效的工程管理方法。FAST 的技术创新解决了主动反射面主索网的大应力幅索疲劳、反射面测量与控制，以及馈源舱测量与控制等棘手的工程问题，催生了一批全新的技术。有效的工程管理方法帮助 FAST 安全、平稳地按照计划如期建成。

　　建成后，FAST 经历了近两年的调试，并开始试运行。在国际大望远镜的建设历史上，FAST 是耗时最短的望远镜之一。通过调试，FAST 对各系统进行了优化，各项指标达到或超过了设计指标。通过试运行，FAST 积累了维护和运行的经验，为正式运行做好了准备。FAST 于 2021 年对国际开放运行，接受来自全世界的观测申请，真正成为造福全人类的科学工程。截至 2024 年 11 月，FAST 已经发现了超过 1000 颗脉冲星，测定了一些特殊脉冲星双星系统的参数，开展了中性氢巡天，测定了一批快速射电暴（Fast Radio Burst，FRB）的偏振，为了解这些未知射电爆发的起源提供了关键线索。

　　回望 FAST 走过的历程，其在选址、设计、建设和运行等环节所积累的宝贵经验，对未来计划中的以及即将实施的大科学工程有重要的借鉴作用。这正是本书的创作初衷。

作者

2024 年 12 月于北京

目 录

第1章　射电天文学和射电望远镜

| 1.1　天文学的兴起 |

1.1.1　天文学与生活

天文学是很多人感兴趣但又觉得有些距离感的学科。但事实上，天文学与我们的生活息息相关，早已融入日常。我们的一天是用地球自转周期定义的，一个月是用月球绕地球转动的周期定义的，一年是用地球绕太阳公转的周期定义的。

在人类文化的演变中，一周的七天划分与月亮的相位变化紧密相连，同时人们也赋予了这七天与太阳、月亮以及五大行星（按与太阳的距离从近到远依次为水星、金星、火星、木星和土星[1]）的特殊联系。这种对应关系并非自然的巧合，而是人类智慧的结晶。在当今的一些语言（如法语和日语）中，这种传统定义依然得以保留，体现在星期一到星期日的命名之中[2]。我国道教文化中的阴阳五行与月球、太阳和五大行星也存在对应关系[3]。

1　在这个体系中，地球不在行星之列。

2　法语中，星期一到星期六分别是 lundi、mardi、mercredi、jeudi、vendredi、samedi，从词形可以明显看出它们分别对应月球、火星、水星、木星、金星、土星，而星期日是 dimanche，不容易直接看出与太阳的对应关系。日语中，星期一到星期日分别是月曜日（げつようび）、火曜日（かようび）、水曜日（すいようび）、木曜日（もくようび）、金曜日（きんようび）、土曜日（どようび）、日曜日（にちようび），对应关系非常明显。

3　从"阴"和"阳"的字形就可以看出它们和月球、太阳分别的对应关系，但最早的时候，"阴"字与月球并无这种对应关系。

天文学是古老的学科，可能是人类最早开始研究的学科。相比地球科学和生物学，在人类早期，天文学的观察比较容易进行。斗转星移，日夜变换，四季更迭，这是任何有好奇心的人都无法忽视的自然现象。虽然通过构建合理的模型来理解这些现象是最近几百年的事，但几千年来，人类都在不断观测日月星辰，并试图构建自己的理论体系来解释各种天象，理解它们的运行规律。这既是好奇心驱使，也是生产生活需要。为生产生活服务是早期天文学发展的重要动力。

日夜交替和人类的生活息息相关。日出而作、日落而息，这是古人最自然的选择。这样周而复始的生活习惯让人类感知到一天的长度。白天，人类无法忽视太阳；夜晚，人类也无法忽视星辰和不断变化的月相。月相的变化让人类感知了一周和一个月的长度。而生活在海边的人也会注意到通常每天两次的涨潮、退潮与月亮的关系。

四季变化对农业生产影响巨大。虽然古人不一定明白四季变化的原理，但他们注意到了四季变化和正午太阳高度、夜空中恒星位置的关系。四季的变化让人类感知了一年的长度。

当然，仅感知到一天、一周、一个月和一年是不够的。农业生产需要相对准确的日期，这是普通人无法提供的，于是世界上很多地方建造了观象台和原始的天文仪器，出现了专门观察天象、制定历法的人员和机构。这可能就是天文学最初得以发展的原因。

为了制定历法，专门的机构进行的持续而系统的观测积累了大量天象记录。虽然记录这些天象并不是为了进行天文学研究，但对天文学研究确实发挥了重要作用。举个例子，我国宋代天文学家记录了一颗"客星"，后来证实这颗"客星"就是导致蟹状星云脉冲星诞生的超新星爆发，现代天文学家据此确定了蟹状星云脉冲星的准确年龄。这是我国古代天文学家对天文学做出的重要贡献之一。

除了用于制定历法指导农业生产、研究潮汐指导渔业生产，天文观测对航海也非常重要。在远离岸边的茫茫大海上航行时，没有陆地上的参照物定位，只能依靠观测太阳和星空来确定位置。测量北极星[1]的高度或其他恒星上中天时距离地平线的高度，可以确定船只所处的地理纬度，而由恒星上中天的时间，可以确定船只所处的地理经度。

天文学不仅在生产生活领域发挥着重要作用，更深刻地影响了人类的世界观。人类对宇宙的认识是不断发展变化的，观测能力所及之处就是当前人类可观测宇宙的极限。天圆地方、地球是宇宙的中心，这些都是人类进行粗略观察得到的简单印象。

为了能解释越来越丰富的观测现象，特别是行星的运动，古人在地心说的行星轨道模型上加了很多唯象的"本轮"运动。这种多级"本轮"模型虽然能拟合观测，但其复杂性是令人生疑的。尼古拉·哥白尼（Nicolaus Copernicus）提出的日心说简化了天文学模型，推进了人类对宇宙的认识。约翰尼斯·开普勒（Johannes Kepler）基于第谷（Tycho[2]）的观测资料，总结出行星运动三定律，使得人类对宇宙的认识达到了一个高峰。这大概是人类用肉眼观测所能达到的最高峰。

如今，天文观测已经不限于仅使用肉眼。虽然大部分生活在城市里的人很难有机会看到灿烂的星空，但每个人还是能感受到日升日落、季节变换，偶尔看看天空的月相变化、日食、月食和流星雨。夜观天象不再只是事关收成，而是成了生活中的一种兴趣爱好及休闲娱乐活动。天文学知识也不再是只有少数人才能接触到的知识，而是成为提高国民科学素养的重要知识之一。

可见光天文学是人们最熟悉的天文学领域，学习可见光天文学知识是普通人入门天文学最便捷的途径。天文爱好者通常都是从使用一台光学望远镜[3]观测天体开始自己的天文学探测历程的。

有很多中小学在楼顶搭建起天文圆顶，架设光学望远镜，供学生开展

1　不同的年代可能有不同的北极星。

2　注意，第谷姓布拉赫（Brahe），但约定俗成，都用第谷的名而不用姓来称呼他。

3　可见光波段通常被称为光学波段，所以可见光望远镜也称为光学望远镜。

天文观测。现在，越来越多的中小学在校园中建造小射电望远镜供学生开展射电天文观测。射电天文学也逐渐走入天文科普的行列。

1.1.2 现代天文学

长期以来，人类依靠肉眼观测星空，这一情况直到人类发明透镜之后才有所改变。当伽利略（Galileo[1]）第一次把望远镜对准星空中的天体，使其变成天文望远镜的时候，天文学一个新的时代开启了。人类对宇宙的认识上升到了一个新台阶，天文学发展的主要动力也变成了人类对宇宙的好奇心。

伽利略的观测改变了人类的宇宙观。他发现，月球不是光滑的圆盘，其表面布满了环形山。这告诉人们，天体并不是完美的，用简单的几何形状描述天体是不够的。

伽利略发现了木星的 4 颗卫星，从而表明木星不是单独存在的天体，而是和地球一样有卫星环绕。这是世界上第一次发现不围绕地球转动的天体，对地心说而言是一个巨大的冲击。此外，伽利略还发现金星和月球一样有相位变化，虽然从理论上也可以用地心说解释，但用日心说结合行星的椭圆轨道进行解释则更简洁。这为日心说提供了强有力的证据。

自伽利略用天文望远镜开展观测以来，天文望远镜就成为延伸人类视觉的工具。人类的眼睛口径（瞳孔的直径）有限，集光能力有限，灵敏度有限，能看到的天体数量几千年来都没什么变化。但是，天文望远镜的口径可以不断增大，并由此提供越来越强的集光能力。

借助天文望远镜，人类看到了越来越多暗弱的天体，其中就包括一些在空间上延展的天体。起初，人们并不清楚这些天体的本质，把它们统称为星云。很显然，这些天体和恒星有很大差异。这些发现对人类认识宇宙产生了很大的影响。在很长一段时间里，人们认为，天空中观测到的恒星

---

1 伽利略姓伽利雷（Galilei），和第谷的情况一样，人们已经习惯用他的名而不是姓来称呼他。

和星云都处于同一个"宇宙岛"中。当大口径望远镜能够分辨出一些星云中的恒星,并通过观测造父变星确定了天体之间的距离,人们才发现它们是银河系外的其他星系,这些星系是和银河系处于同样层级的天体。此时,人类所观测到的宇宙比地心说时代观测到的宇宙大了成千上万倍。人类认识的宇宙不再局限于银河系,视野得到了极大的扩展。

虽然自伽利略开始进行天文观测以来,天文望远镜经历了几百年的发展,口径变大,观测暗弱天体的能力变强,但始终是使用可见光在进行观测。这是因为人类对电磁波的认识还比较有限。

直到 19 世纪下半叶,人类才认识到无线电波的存在。无线电在被发现后不久就被用于通信,但到了 20 世纪 30 年代,人类才偶然发现了来自银河系中心(后文简称"银心")的射电辐射。从此,人类意识到可以用无线电观测宇宙。这种来自宇宙深处的射电辐射是美国贝尔实验室的无线电工程师卡尔·古特·央斯基(Karl Guthe Jansky,后文简称"央斯基")在研究无线电通信干扰时发现的。当时,他发现了 3 种干扰,其中两种都来自雷暴,还有一种每天提前约 4 分钟出现。这个时间差正好是 1 恒星日和 1 太阳日之差[1]。如果某个源和地球的距离远大于太阳和地球的距离,我们就会看到这种现象。也就是说,央斯基接收到的第三种干扰实际上来自宇宙深处。最终,经过一年多时间的研究,央斯基确信这是一种射电辐射,来自银心。这是人类第一次探测到宇宙深处天体的射电辐射,由此开启了可见光波段之外的天文观测。

光学波段和射电波段是地球大气对电磁波的两个透明窗口。在频率低于 30 MHz 的波段,由于电离层反射,宇宙中的射电信号无法到达地面。由于水汽的吸收,射电波段与光学波段之间的亚毫米波段和红外波段的电磁波也无法到达地面。而光子能量高于光学波段的紫外波段、X 射线波段和伽马射线波段会被大气吸收。对这些波段的观测必须到地球大气之外才

1　恒星日是指遥远的恒星两次过天顶的间隔时间,地球的 1 恒星日转动 360°。太阳日是指太阳两次过天顶的间隔时间。由于地球绕太阳公转,地球的 1 太阳日要比 360° 多大约 360°/365,所以 1 太阳日比 1 恒星日长一些。

能进行。因为地面观测的便利性，人们在地球上进行了很多可见光观测和射电观测，但在很长一段时间里都没有开始其他电磁波段的天文观测。这一观测的大发展要等待"太空时代"的到来。

地球大气对红外、紫外、X射线和伽马射线不透明，所以在地面上无法进行相应波段的天文观测。对这些波段的观测需要借助火箭或卫星，到地球大气之外才能进行。随着火箭技术的发展，人们得以在地球大气之外短时间进行X射线探测，至此打开了新的电磁波观测窗口。而进行常规的红外、紫外、X射线和伽马射线观测还要等到人造卫星技术的成熟。随着红外卫星、紫外卫星、X射线卫星和伽马射线卫星的发展，现代天文学进入了新纪元。此后，红外天文学、紫外天文学、X射线天文学和伽马射线天文学都发展了起来[1]。目前人类已经建造了一批红外、紫外空间望远镜、X射线空间望远镜和伽马射线空间望远镜。除了这些必须在地球大气之外进行观测的波段，人类还建造了观测可见光波段的空间望远镜，这是为了避免受到地球大气的影响，获得稳定的高分辨率图像。

到今天，人类不仅已经能够使用几乎所有的电磁波段观测宇宙，还开始使用电磁波之外的其他"信使"（如中微子、引力波和宇宙线）探索宇宙。冰立方中微子天文台（IceCube Neutrino Observatory）已经探测到了多次高能中微子爆发事件，证明了使用中微子进行天文学研究的可行性。激光干涉引力波观测台（Laser Interferometer Gravitational-wave Observatory，LIGO）也探测到了一批引力波爆发事件。2017年，LIGO和伽马射线望远镜、光学望远镜一同探测到了中子星并合事件（GW170817，其电磁辐射对应体为GRB 170817A）。这个中子星并合事件真正消除了人们对LIGO探测引力波事件的怀疑，证实了引力波探测天文事件的可行性。多"信使"天文学的时代已经到来。

纵观天文学的发展历史，每一次观测设备的升级都帮助我们拓宽了视

1　由于各波段的探测技术不同，所以天文学按照观测波长从长到短，分为射电天文学、红外天文学、可见光（光学）天文学、紫外天文学、X射线天文学、伽马射线天文学。这些观测波段不是严格区分的，邻近波段有重叠。

野。人类认识的宇宙从地球周围扩展到了整个可观测宇宙。人类已经有能力用电磁波看到可观测宇宙的边缘——宇宙微波背景辐射，而中微子和引力波观测使人类可以看得更远，看到微波背景后面的宇宙。随着观测技术的发展，中微子和引力波终将成为我们观测宇宙的常规途径。

天文学因为人类的好奇心而产生，因为服务人类的生产生活而发展，如今现代天文学又开始更多地为满足人类的好奇心而服务[1]。天文学是恢宏壮阔的画卷，在对天文学进行概览之后，我们来仔细了解一下其中用无线电进行观测的部分——射电天文学。

| 1.2　射电天文学 |

1.2.1　射电天文学的发展

射电天文学就是用无线电[2]进行观测，研究发射无线电的天体的天文学。和可见光天文学相比，射电天文学的历史不长。19 世纪下半叶，人类才认识到无线电的存在。而到 1931 年，央斯基才发现了来自宇宙深处银心的射电辐射。通常认为，央斯基的发现标志着射电天文学的诞生。

央斯基是美国贝尔实验室的工程师，他建造天线是为了搞清楚无线电通信中干扰的来源。经过几年的实验，他成功确定了远处雷暴和近处雷暴产生的无线电干扰。但是，除了这两种无线电干扰，还有一种干扰他无法确定来源。经过一段时间的观测，他发现，在一年的时间里，这种干扰在每天正午时出现的位置在天空中绕了一圈，平均每天出现的时间提前大约 4 分钟。这正好是 1 恒星日和 1 太阳日之差，说明这种干扰来自太阳系之外很远的宇宙深处。又经过一段时间的观测，央斯基最终确定，这种干扰来

1　科学的发展不仅需要脚踏实地，也需要一部分人仰望星空。天文学研究就是仰望星空的工作。
2　无线电波通常指频率在 3 kHz 与 1 GHz 之间的电磁波。

自银心。影响无线电通信的干扰变成了探测宇宙天体新的途径，射电天文学由此诞生。

央斯基原本计划建造更大的抛物面天线，仔细研究来自银河系其他部分的射电辐射，但受到经济大萧条的影响，这一计划未得到贝尔实验室的支持，他被分配了另一项工作，因此未能将这项研究继续进行下去。央斯基没有接受过正规的天文学训练，并且其重大发现正好碰上经济大萧条，正规的天文研究机构也不愿开展这项新的研究。不过幸运的是，射电天文学的发展并未止步。业余射电天文学家格罗特·雷伯（Grote Reber，后文简称"雷伯"）了解到央斯基最初的工作后，接替央斯基，自己一个人继续进行相关的研究。

雷伯在自己家的后院建造了一台口径为 9 m 的抛物面望远镜，在 160 MHz 频段确认了央斯基发现的银心射电辐射，并独自绘制了 160 MHz 频段的天图。在央斯基发现银心射电辐射后到第二次世界大战结束前的这段时间，射电天文学取得了为数不多的重要进展，而且这些进展是由一个业余天文学家完成的。

第二次世界大战结束后，战争期间发展起来和使用过的雷达与无线电技术开始应用于射电天文学，在此基础上，射电天文学快速发展起来。1951 年，天文学家探测到了银河系中性氢[1]（中性氢原子）21 厘米谱线[2]。这次探测没有使用非常大的天线，只使用了一个普通的波导。由此可以知道，中性氢在宇宙中广泛存在，而且信号很强。中性氢 21 厘米谱线的观测现在已经成为研究银河系以及河外星系结构和动力学的重要途径。

20 世纪 60 年代是射电天文学快速发展的时期，取得了一些重大发现。1963 年，天文学家探测到了星际分子 OH 的谱线，此后陆续探测到了多种分子，包括 1970 年发现的 CO 分子。如今通过射电谱线探测到的星际分子

1　处于基态的氢原子，是星际介质的一种重要成分，其超精细跃迁会产生波长约为 21 cm 的射电谱线。
2　基态氢原子的超精细跃迁产生的谱线，静止频率为 1420.4058 MHz。

已经超过了 200 种。这些分子是星际介质的重要探针，对它们的观测帮助我们了解了星际介质的动力学演化和化学演化。

1965 年，天文学家发现了宇宙微波背景辐射，这是标准宇宙学模型的一个重要证据，这一发现推进了我们对宇宙的理解。和央斯基发现银心射电辐射类似，宇宙微波背景辐射也是贝尔实验室的两位工程师——彭齐亚斯（Penzias）和威尔逊（Wilson）偶然发现的。起初这两位工程师想消除无线电的本底噪声，但是他们发现了一个各向同性的本底噪声，无论如何都消除不了。后来他们才知道，这是来自宇宙深处的宇宙微波背景辐射，他们偶然发现了宇宙大爆炸的余辉。

这个时期，科学家们还发现了射电类星体和射电脉冲星。射电类星体的发现主要依靠光学谱线红移的测定，射电类星体本身的射电辐射在很早之前就已经被测出。射电脉冲星的发现也是一个无心插柳的故事。乔瑟琳·贝尔（Jocelyn Bell，后文简称“贝尔”）和她的导师安东尼·休伊什（Antony Hewish）用一个低频中星仪阵列观测行星际闪烁，这种观测需要比较高的时间分辨率。这使得他们可以记录快速时变的信号，其中就包含脉冲星的信号。贝尔发现，有一个信号每天比前一天大约提前 4 分钟过中天（1 恒星日和 1 太阳日之差），也就是说，这是一个来自太阳系外、宇宙深处的天体发出的信号。这和央斯基发现银心射电辐射有异曲同工之妙。贝尔发现这个信号是一个周期性的信号，这就是人类发现第一颗脉冲星的经过。

此后，射电天文学得到了更大的发展。天文学家发现了大量星际分子和各种产生射电波的天体。其中，脉冲星的发现层出不穷，不仅数量大大增加，还发现了特殊类型的脉冲星。脉冲双星（至少含有一颗脉冲星的双星系统）的发现帮助天文学家找到了研究强引力场中物理过程的“天空实验室”。通过对脉冲双星轨道的长期监测发现，实际的轨道半径的减小符合引力波导致能量损失理论所预言的轨道半径的减小。这也间接证实了引力波的存在。这在 LIGO 探测到引力波之前是证明引力波存在的最有力的证据。即便现在 LIGO 探测到了很多引力波爆发事件，脉冲双星仍然是研究极端引力现象、极端物态重要的"天空实验室"。未来，脉冲双星，尤其是双脉冲星和脉冲星－黑洞双星，仍是我们搜寻的重要目标，它们对于检验广义相对论和研究黑洞的性质具有不可替代的作用。

最初，天文学家认为脉冲星的能量来自它们的自转，所以通常认为新生脉冲星的转动速度最快。随着演化，脉冲星的自转应该逐渐变慢。而毫秒脉冲星的发现改变了我们对脉冲星演化的理解。著名的蟹状星云脉冲星是一颗年龄大约只有 1000 岁的年轻脉冲星 [1]，它的自转周期大约是 33 毫秒。在很长一段时间里，天文学家认为，除了新生的脉冲星，一般脉冲星的周期都不会是毫秒量级的。因此，在进行脉冲星搜寻的时候，天文学家通常不会使用很高的时间分辨率，即便射电望远镜具有这个能力。直到一位富有创新精神的天文学家——史里尼瓦斯·库尔卡尼（Shrinivas Kulkarni）尝试用阿雷西博射电望远镜（Arecibo Radio Telescope）[2] 的最高时间分辨率进行观测，找到了一颗自转周期为 1.556 毫秒的脉冲星，天文学家才第一次发现了毫秒脉冲星。和年轻脉冲星不同，这种脉冲星并不是新生的脉冲星，当今科学界认为这种脉冲星是吸积了伴星物质被重新加速而形成的。

如今已经发现了超过 3000 颗有射电辐射的脉冲星，其中一些脉冲双星 [3] 帮助天文学家对广义相对论进行了更多、更严格的检验。自转特别稳定的毫秒脉冲星可以作为准确的宇宙时钟，组成脉冲星计时阵，用于探测频率较低的纳赫兹引力波。

除了脉冲星，射电天文学在星际介质和其他研究中也取得了很多成果。现在已经得到了多个频段的射电连续谱天图和中性氢 21 厘米谱线天图，可

1　脉冲星是在超新星爆发中产生的。产生蟹状星云脉冲星的超新星爆发发生在公元 1054 年。我国的古籍中记录了这次超新星爆发，这是我国古代天文学家对脉冲星研究做出的重要贡献。蟹状星云脉冲星是少数可精确知道其年龄的脉冲星。

2　阿雷西博射电望远镜是美国的一台口径约 305 m（1000 ft）的射电望远镜，建造在波多黎各岛的一个喀斯特注地中。

3　包括目前已知唯一的一个双脉冲星系统。

以帮助我们了解银河系和其他星系中的星际介质分布及其运动规律。天文学家通过中性氢 21 厘米谱线测量了多个近邻星系外围的旋转曲线，这是研究星系暗物质分布最有力的方法之一。

天文学家还通过射电波段的观测发现了 200 多种星际有机分子，其中包括糖、醇等。这改变了我们对有机分子形成的认识。随着越来越多的星际有机分子被发现，我们或许能窥探到宇宙中生命起源的秘密。

探测宇宙中的神秘天体——黑洞，也离不开射电天文观测。精确测定活动星系核 NGC 4258 中心黑洞的质量正是依靠射电望远镜对黑洞周围水脉泽速度和加速度的测量。同时，独立于红移，测量活动星系核的距离，可以得到红移 – 距离关系，用于检验宇宙学模型。未来，对更多类似 NGC 4258 这样的活动星系核的射电观测将加深我们对超大质量黑洞的认识，也将对宇宙学模型进行更多检验。

黑洞的研究在很长一段时间里都是间接进行的，通过黑洞周围物质的辐射推测黑洞的质量、自旋。射电天文观测第一次让我们看到了黑洞的图像 [1]。当然，我们看到的也只是黑洞的"剪影"，这种黑洞"剪影"是通过分布在世界各地的数十台毫米波望远镜联合进行干涉成图观测得到的，这是目前光学观测无法完成的。

1.2.2　射电天文学简介

和其他波段的天文学一样，射电天文学测量的通常也是天体在特定时间、特定频率的比强度（specific intensity），也就是来自单位立体角的单位时间、单位频率范围通过单位面积的能量。

由于频率较低，射电波更多地表现出波动性，因此射电天文观测和光学天文观测有很大的不同。光学天文观测可以直观理解为拍摄照片，而射电天文观测更像是在听收音机。没有图像的广播缺少了视觉刺激，而无声电影

1　使用了由若干台毫米波望远镜组成的事件视界望远镜（Event Horizen Telescope，EHT）。

同样让人感到遗憾。我们不仅希望看到绚丽多彩的宇宙，也想聆听"宇宙的声音"。

生活中，视线容易被遮挡，但我们却可以听到其他屋子里的人说话。这是因为声波的波长较长，不容易被遮挡。射电波的波长也较长，相对不容易被星际介质遮挡。所以在射电波段可以看到一些被尘埃遮挡、在光学甚至红外波段都不可见的天体，如分子云核和新生恒星。

地球大气可以吸收来自太阳和宇宙深处的高能光子，保护地球上的生命；地球大气中的水汽会吸收红外光子；地球大气高层的电离层会反射大约 30 MHz 以下的无线电波。地球大气主要对两个波段的电磁波透明，这两个波段称为大气窗口：其中一个是光学（即可见光）波段，另一个是射电波段[1]。

在大气透明的波段，我们可以在地面上观测宇宙。和光学望远镜一样，大部分射电望远镜建造在地面上。在大气不透明的波段，地面观测难以实现，只能发射少量空间望远镜来进行观测。与此不同，我们可以在地面上建造很多射电望远镜。

可见光主要表现为粒子性，光学观测通常用照相底片或电荷耦合器件（Charge-Coupled Device，CCD）接收光子。相比可见光，射电波频率较低，主要表现为波动性，射电观测通常用馈源接收无线电波。由于波长和设备大小相差不大，射电波会产生明显的衍射效应，这与光学中的衍射原理相同。这使得射电望远镜不仅可以接收到来自主轴方向的射电波，还能接收到来自其他方向的电磁波。射电望远镜对不同方向增益（可以理解为敏感程度）的方向图有很多瓣，主轴方向的为主瓣，其他为旁瓣，如图 1.1 所示。

1　极高能光子和大气相互作用会产生大气簇射，可以通过在地面上探测这些次级粒子来探测极高能光子。大气对极高能光子也是不透明的。

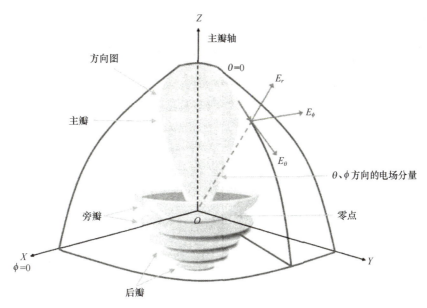

注：E_r、E_ϕ、E_θ 为电场的 3 个分量；ϕ 为极坐标系的方位角；θ 为极坐标系的极角。

图 1.1　定向天线的三维方向图

射电望远镜的主瓣直径（主波束宽度）θ 和射电波波长 λ 以及望远镜的口径 D 有关：

$$\theta = 1.22 \frac{\lambda}{D} \qquad (1\text{-}1)$$

这就是光学中艾里斑的角直径 [1]。主瓣的角直径也被称为射电望远镜的波束大小，这是射电望远镜的重要参数之一。通常，射电望远镜的角分辨率就是波束大小。由于射电波波长较长，射电望远镜的波束通常比较大。例如，20 cm 波长、100 m 口径的射电望远镜的波束为 8.4′。相比之下，大型光学望远镜的分辨率可以达到角秒量级。

射电波段频率较低，光子能量较低，比强度和亮温度成正比，所以可以用亮温度表示比强度。望远镜本身以及天空背景有噪声，总的背景噪声强度可以用一个亮温度等效表示，称为系统温度。望远镜在不指向源，而

1　这样计算得到的是弧度。

指向没有源的冷空的时候，也会获得一个流量密度。通常，望远镜只能探测到比这个极限流量密度 S_v 更大的源，极限流量密度越小，望远镜越灵敏，就能探测到越暗弱的源。系统温度 T_{sys} 越低，有效接收面积 A_{eff} 越大，积分时间 $\Delta\tau$ 越长，带宽 Δv 越大，则 S_v 越小。具体来说，

$$S_v = \frac{kT_{sys}}{A_{eff}} \frac{1}{\sqrt{\Delta\tau\Delta v}} \qquad (1\text{-}2)$$

其中，

$$S_{v0} = \frac{kT_{sys}}{A_{eff}} \qquad (1\text{-}3)$$

称为绝对灵敏度（raw sensitivity），是望远镜的内禀性质，与观测带宽和积分时间没有关系。

也可以从另一个角度来理解这个物理量。时间序列和频谱是傅里叶变换对，所以间隔时间和频带宽度满足不确定关系 $\Delta\tau \cdot \Delta v \geq 1$，也就是说，时间分辨率和频率分辨率的提高是有极限的，我们无法无限提高时间分辨率和频率分辨率。绝对灵敏度就是时间分辨率和频率分辨率达到极限情况下望远镜的灵敏度。

流量是指单位时间、单位面积在单位频率间隔内接收到的能量。射电天文学中，接收到的流量用国际制单位或"厘米－克－秒制"单位来表示会很小，所以通常使用央斯基（Jy）作为单位，1 Jy=1×10^{-26} W/(m^2·Hz)。由此可以看出，射电天文学中接收到的能量是非常小的。据统计，自射电天文学诞生以来，所有射电望远镜接收的总能量还翻不动一页书[1]。

正因为射电天文学中接收到的能量太小，所以很容易受到射频干扰的影响。相对于来自天体的射电信号，地球上和地球周围的各种无线电信号通常要强得多。射电望远镜不仅会受到地面无线电通信的干扰，还会受到各种电子电气设备泄漏的无线电波的干扰。可以通过对通信基站进行一些

---

1 随着更多大口径射电望远镜的诞生和带宽的增大，不久的将来，可能会翻得动这页书。

改造和对电子电气设备采取电磁兼容措施，减少地面的射频干扰。除了来自地面的干扰，人造卫星也会产生射频干扰。这些干扰是没有办法屏蔽的，只能在数据处理的时候尽量去除。

此外，因为射电光子能量小，所以通常接收到的光子数会很多。对光学观测来说，接收到的光子数是相对较少的，所以分光会降低观测灵敏度。因此，光学观测很难同时接入多个后端工作。但射电观测可以将信号接入多个后端，这对观测灵敏度几乎没有影响。因此，射电天文观测中，可以多科学目标同时观测，例如，可以同时进行脉冲星搜寻并观测星际介质中的中性氢和有机分子，也可以同时搜寻快速射电暴和地外文明信号。

因为波动性很强，所以射电测量可以以非常高的精度方便地记录射电波的幅度和相位，这使得射电望远镜可以相对简单地进行干涉。于是，射电望远镜可以先进行数字采样再进行干涉，而不需要像光学和红外观测那样进行实际的物理干涉。基于这一特性，射电天文学发展出了一种独特的甚长基线干涉测量技术，使得地球上相隔数千千米的望远镜可以组成一个干涉网，就像有一台口径等于地球直径的望远镜在进行观测。这种技术使得波长很长的射电波段观测达到了远远优于光学波段观测的角分辨率。有报道称，已经发展出了光学频率的示波器，可以测量光学频率电磁波的幅度和相位。如果这种技术能达到足够的精度，原则上也可以进行光学甚长基线干涉观测。但目前，射电波段还是唯一能进行甚长基线干涉观测的波段。

1.2.3　射电望远镜的基本组成

和其他波段的望远镜一样，射电望远镜也是收集、处理和存储信号的装置，大致由信号接收系统、信号传输和处理系统、数据存储系统以及控制系统组成。射电望远镜有多种形式，除了常见的全可动碟形反射面望远镜，还有固定反射面望远镜，以及没有反射面的望远镜。射电望远镜的形式和观测波段、科学目标等因素有关。

在一个波导的末端附近放上探针，接到后端电路，就构成了一个简单的无线电接收装置，称为馈源。直接将馈源指向天空，就变成了一台简单的射电望远镜。第一次探测到银河系中性氢使用的就是这样的装置，它本质上就是一个指向天空的馈源喇叭加上后端的微波电路，一共只花费了 500 美元。

使用馈源直接指向天空，接收面积是有限的，为了增大接收面积，通常需要将更大面积上的射电波聚焦到馈源。在射电波段，除了某些口径较小的特殊用途射电望远镜使用透镜进行聚焦[1]，大部分射电望远镜使用反射面聚焦。为了有效聚焦电磁波，反射面的口径 D 和面形精度 δ 要满足一定的要求。

为了能有效反射电磁波，反射面的口径 D 应该大于等于电磁波波长 λ 的 20 倍。对于 100 MHz（波长 3 m）的电磁波，反射面口径至少要达到 60 m，所以 100 MHz 以下的低频射电观测通常采用偶极子阵列，不使用反射面聚焦。但是，对大口径射电望远镜来说，低频极限可以更低，例如，对于 300 m 的口径，最低观测频率可达 20 MHz。在地球上的大部分地区，电离层的截止频率约为 30 MHz，所以 300 m 口径的望远镜理论上可以覆盖地面上能观测的整个低频射电波段。这是 FAST 的一个特殊优势。

为了能有效反射电磁波，望远镜反射面的面形精度 δ 应该小于电磁波波长 λ 的 1/20。最高工作频率为 3 GHz 的望远镜，面形精度应该小于 5 mm。因此，如果要建造一台频率范围为 30 MHz ～ 3 GHz 的望远镜，这台望远镜的口径应该大于 200 m，面形精度应该小于 5 mm。

为了能用简单光路在主焦点实现点聚焦，反射面的形状应该为旋转抛物面。要实现对天体的跟踪观测，每个时刻，抛物面的对称轴都应该指向这个天体。一种方法是让整个反射面运动起来，在方位和俯仰两个方向各有一个自由度。第二种方法是随着天体的运动，使用固定反射面的相应部

---

1 用于测量原初引力波的望远镜对偏振性能要求非常高，因而不使用反射面聚焦，而使用氧化铝陶瓷透镜进行聚焦。

分。采用第一种方法的是全可动射电望远镜,采用第二种方法的是固定反射面射电望远镜,或部分可动的主动反射面射电望远镜。

第一种方法需要将反射面放置在可以转动的基座上。在反射面口径较大的情况下,整个结构质量太大,要保证足够的刚度,所需的轴承和支撑架就变得非常大,因而难以实现赤道式装配[1],所以大射电望远镜通常采用地平式装配[2]。地平式装配是指在地面建设一条水平导轨,望远镜整体可以在水平面内转动,在导轨上运动,实现方位角的变化,反射面通过俯仰轴控制俯仰角。相比赤道式装配,地平式装配要实现对天体的跟踪,控制操作相对复杂一些。此外,采用地平式装配方式的望远镜的天顶是一个奇点,在天顶附近,望远镜无法正常跟踪,所以这类望远镜在天顶有一个不可观测的小区域。

阿雷西博射电望远镜和 FAST 采用的是第二种方法。其中,阿雷西博射电望远镜采用固定反射面,FAST 采用部分可动的主动反射面。这种方法适合建造口径达几百米的大口径射电望远镜,因为建造这么大口径的全可动射电望远镜在技术和成本方面都面临巨大挑战,目前难以实现。

无论什么样的射电望远镜,其接收信号的基本过程都是类似的。天体的信号经过反射面聚焦进入馈源,在馈源底部由探针引出,经过放大、滤波,传输到数字后端进行数字采样和后续处理,就可以得到观测数据。

和可见光望远镜不同,射电望远镜从馈源末端探测引出信号进入电路进行放大。因为相比其他波段,射电波段接收到的光子数非常多,量子噪声可以忽略,将信号分成若干份分别进行处理,几乎不会引入额外的噪声,所以可以将信号分别输入不同的数字电路进行处理。同一次观测的信号可以同时接入脉冲星、谱线、地外文明探索(Search for Extraterrestrial

---

1　将反射面装在一个转轴平行于地球自转轴的转盘上,调整装置的另一个轴,适应不同天体的赤纬变化。转盘的转动可以方便地抵消地球转动造成的影响,实现对天体的跟踪。由于转盘和地面有一个夹角,在反射面质量很大的时候需要较大的配重,且转盘的轴需要承受极大的重量,所以在反射面很大的时候不宜采用赤道式装配。

2　大型光学望远镜也采用地平式装配。

Intelligence，SETI）等后端，从而通过一次观测实现多个科学目标，使望远镜的科学产出最大化。

1.2.4　世界各地的射电望远镜

从海因里希·赫兹（Heinrich Herz）通过实验接收到无线电波开始，人们就开始建造各种无线电发射和接收天线。借助它们，人们甚至实现了跨越大西洋的通信。但是，这些天线在很长一段时间里都只用于通信。对于通信中的不明干扰噪声，人们虽然很想弄清楚它们的来源，但出发点也只是为了提高通信的质量。

直到央斯基发现了来自银心的射电辐射，无线电天线才实现了向射电望远镜的转变。之后的一段时间，只有业余射电天文学家雷伯建造了一台真正意义上的射电望远镜（见图1.2），坚持进行射电天文观测，这可以从反映射电望远镜灵敏度发展的利文·斯通曲线上看出（见图1.3）。

图 1.2　雷伯建造的射电望远镜（口径为 9 m）
（图片来源：NRAO/AUI/NSF）

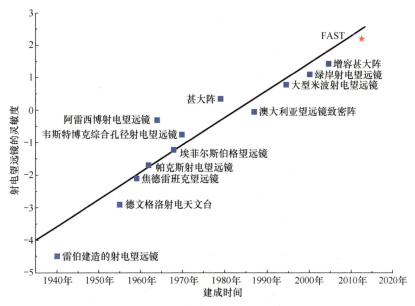

图 1.3　反映射电望远镜灵敏度发展的利文·斯通曲线

　　第二次世界大战结束后，战争期间使用的雷达[1]技术被应用于射电天文学。各国相继建造了一些射电望远镜：英国建造了口径为 76 m 的洛弗尔射电望远镜（Lovell Radio Telescope）（见图 1.4）；澳大利亚建造了口径为 64 m 的帕克斯射电望远镜（Parkes Radio Telescope）（见图 1.5）；20世纪 70 年代，德国建造了埃菲尔斯伯格望远镜（Effelsberg Telescope）（见图 1.6），一举将全可动射电望远镜的口径增加到 100 m；20 世纪末，美国建造了绿岸射电望远镜（Green Bank Telescope，GBT，见图 1.7），口径约为 100 m。

1　雷达的英文 radar 是 radio detection and ranging 的缩写，意思是无线电探测和测距。

图 1.4 英国的洛弗尔射电望远镜（口径为 76 m）

（图片来源：英国曼彻斯特大学）

图 1.5 澳大利亚的帕克斯射电望远镜（口径为 64 m）

（图片来源：CSIRO）

图 1.6　德国的埃菲尔斯伯格望远镜（口径为 100 m）
（图片来源：MPIfR）

图 1.7　美国的绿岸射电望远镜（口径约为 100 m）
（图片来源：NRAO）

　　洛弗尔射电望远镜位于英国柴郡，属于曼彻斯特大学焦德雷班克天文台（Jodrell Bank Observatory），以创始台长博纳德·洛弗尔（Bernard Lovell）的姓氏命名。这台望远镜于 1957 年建成，曾经对人类发射的第一颗人造卫星进行了观测。洛弗尔射电望远镜工作在 408 MHz～6 GHz 频段。按照口径估计，洛弗尔射电望远镜能有效反射波长短于大约 3 m（频率为 100 MHz）的电磁波，它在早期的脉冲星观测中发挥了重要作用。此外，它还发现了第一个引力透镜系统和球状星团中的第一颗毫秒脉冲星。目前，洛弗尔射电望远镜还是英国默林多元射电联合干涉网（Multi-element Radio-linked Interferometer Network，MERLIN）的成员望远镜。

帕克斯射电望远镜位于澳大利亚新南威尔士的小镇帕克斯，属于澳大利亚国家射电天文台。帕克斯射电望远镜在 1961 年建成，曾经用于实时广播阿波罗 11 号登月的图像。这台望远镜可以工作在 80 MHz～22 GHz 频段，这是由其口径和面形精度决定的。但帕克斯射电望远镜主要工作在厘米波段，它在类星体的观测中做出了重要贡献。由于位于南半球，帕克斯射电望远镜可以看到银河系更靠近中心的部分，这里恒星和各类天体最为密集。依靠位置优势，帕克斯射电望远镜发现了大约 1000 颗脉冲星，完成了南天最完备的帕克斯中性氢巡天（H I Parkes All Sky Survey，HIPASS）。帕克斯射电望远镜是澳大利亚甚长基线干涉测量（Very Long Baseline Interferometry，VLBI）网的重要成员望远镜。

埃菲尔斯伯格望远镜位于德国波恩西南方向的埃菲尔斯伯格山谷中，属于马克斯·普朗克射电天文学研究所。埃菲尔斯伯格望远镜工作在 300 MHz（波长 90 cm）～90 GHz（波长 3.5 mm）频段。这台望远镜拥有众多接收机，从而可以进行各种观测研究。埃菲尔斯伯格望远镜适合在很宽的频率范围内进行原子谱线和分子谱线观测，也适合进行高精度脉冲星计时观测、对大天区进行谱线成图和连续谱成图。它也是包括欧洲甚长基线干涉网（European VLBI Network，EVN）和全球 VLBI 网在内的很多射电望远镜干涉网络的重要成员。

绿岸射电望远镜位于美国西弗吉尼亚州，属于美国国家射电天文台。绿岸射电望远镜在 2002 年建成，工作在 100 MHz（波长 3 m）～116 GHz（波长 2.6 mm）频段。绿岸射电望远镜的天顶角可以达到 85°，可以看到全天球的 85%。因此，绿岸射电望远镜可以为甚大阵（Very Large Array，VLA）和阿塔卡马大型毫米 / 亚毫米波阵（Atacama Large Millimeter/sub-millimeter Array，ALMA）提供辅助观测。它采用偏焦设计，反射面是以馈源舱为焦点的大抛物面的一部分，所以口面是一个 100 m×110 m 的椭圆。从这个意义上来说，绿岸射电望远镜是世界上最大的全可动射电望远镜。偏焦设计使得馈源和反射面之间没有来回反射，因而几乎没有驻波。这使绿岸射电望远镜的基线非常平整，非常适合进行谱线成图和连续谱成图。

上面提到的这些射电望远镜都是所谓的全可动射电望远镜。反射面作为一个整体可以运动，指向天空中的某个方向。从埃菲尔斯伯格望远镜建成以来，全可动射电望远镜的口径就没有大幅超过 100 m。有段时间，人们甚至提出了"全可动射电望远镜口径的百米工程极限"的概念。但这并不是一个合适的概念，现在我国已经在建造 110 m 口径望远镜并规划了 120 m 口径望远镜，未来或许会还有 150 m 口径望远镜，但全可动射电望远镜的口径确实难以在经济且可行的前提下成倍增加。

除了全可动射电望远镜，还有其他各种形式的射电望远镜，包括法国的南赛射电望远镜（Nançay Radio Telescope）（见图 1.8）、美国的阿雷西博射电望远镜（见图 1.9）等。

图 1.8　法国的南赛射电望远镜（这是一台平面和柱面相结合的望远镜）

（图片来源：L'Observatoire Radioastronomique de Nançay）

图 1.9　美国的阿雷西博射电望远镜，口径约为 305 m（1000 ft，现已坍塌），
它的反射面是球面，固定在地面上，不能运动
（图片来源：NAIC）

　　南赛射电望远镜在 1965 年建成。这台望远镜由一个反射平面和一个抛物柱面组成，通过反射平面调整观测赤纬，依靠地球转动改变赤经，由抛物柱面实现聚焦。这样的望远镜可观测的天区有限，但是有可能相对简单地通过几何放大实现巨大的接收面积。南赛射电望远镜工作在 1400 MHz（波长 21 cm）、1660 MHz（波长 18 cm）和 3300 MHz（波长 9 cm）频段。

　　阿雷西博射电望远镜代表了另一种大幅度扩大接收面积的方案。利用喀斯特洼地建造大口径的球冠反射面，通过光路调整实现聚集。阿雷西博射电望远镜位于波多黎各岛的阿雷西博小镇，在 1963 年建成，归属权几经变更。这台望远镜的天顶角非常有限，不超过 19°，只能看到天空中一条 38° 宽的带状天区。因此，虽然位于较低纬度，但它仍然看不到靠南边的源。尽管如此，依靠巨大的接收面积，它仍做出了很多重要贡献。它发现了第一个脉冲双星系统，发现了第一颗系外行星（脉冲星周围的行星，不是传统意义上恒星周围的行星），测定了金星和水星自转，以及很多小行星的三维形态。阿雷西博射电望远镜工作在 50 MHz ～ 11 GHz 频段。

　　我国的 FAST 沿着利用喀斯特洼地建造反射面的思路更进一步，采用主动反射面和柔性馈源支撑的技术，以最简单的光路实现了聚焦。FAST 是目前世界上最大单口径、最灵敏的射电望远镜。

虽然 FAST 这样设计的单口径射电望远镜大幅增加了望远镜口径，但也存在物理极限。实际上，可能很难建造口径在 2 km 以上的单口径射电望远镜。即使能找到相应大小的洼地，那样的望远镜也需要高度超过 400 m 的馈源支撑塔。这种高度的塔的刚度很难得到保证，从而使得馈源舱难以控制。

| 1.3　FAST 的原动力 |

很多技术的发展满足某种标度律，其中最著名的是反映半导体芯片发展的摩尔定律：计算机的综合计算能力每 18 个月翻一番。类似地，反映射电望远镜灵敏度发展的利文·斯通曲线表明，从 1940 年开始，射电望远镜的灵敏度大约每 3 年翻一番。按照这个发展规律，人类会建造越来越多的大射电望远镜（阵列）。

这样的望远镜最早可以追溯到 SKA 的前身——大射电望远镜（Large Telescope，LT），这是 FAST 的概念的来源。

20 世纪末，科学技术快速发展，人类在生产生活中使用了越来越多的无线电频段，产生了越来越多的无线电发射，电磁环境不断恶化。世界各国的射电天文学家达成了共识，应该在地球上的电磁环境被彻底破坏之前建造大射电望远镜，对宇宙进行细致的深度巡视。

20 世纪，我国曾经建造过 25 m 口径的全可动射电望远镜，也建造过密云米波综合孔径射电望远镜阵（见图 1.10），取得了一些科学成果。这些设备为我国培养了一批射电天文学和技术方面的人才。但我国的射电天文观测设备一直落后于国际水平，20 世纪 90 年代，我国最大全可动射电望远镜的口径只有国际最大全可动射电望远镜口径的 1/4。我国天文学家迫切期望参与大射电望远镜的国际合作，提升我国射电天文学的国际影响力。

图 1.10　我国的密云米波综合孔径射电望远镜阵（由 28 面口径为 9 m 的天线组成）
（图片来源：潘之辰）

对于这台计划中的国际合作大射电望远镜，各国科学家有不同的方案，包括大量小口径射电望远镜的方案、少量大口径射电望远镜的方案。我国科学家给出的方案是少量大口径射电望远镜的方案，建造几台口径达数百米的巨型射电望远镜，加上若干百米口径的射电望远镜，使得总接收面积达到平方千米量级。经过多次讨论，最终，我们的方案没有被采纳。

不过，我国的天文学家不希望错过这个契机，仍然希望建造我国自己的大口径射电望远镜。在中国科学院国家天文台等单位研究人员的坚持下，在已有的望远镜前期选址、概念设计和科学目标设计等工作的基础上，形成了利用贵州省大型喀斯特洼地建造巨型射电望远镜的构想。

第 2 章　FAST 的设计概念

| 2.1　望远镜的总体概念 |

天文学家通过观测认识宇宙。不同波段的望远镜适合观测不同的天体物理现象。射电望远镜有很多独特的观测目标，包括射电脉冲星、中性氢21 厘米谱线和分子谱线等。这些观测目标所需的最核心的波段就是 L 波段[1]。为了更好地观测这些目标和发现未知的天体物理现象，天文学家正不断追求这个波段及附近波段性能更优的射电望远镜。

灵敏度是射电望远镜最重要的性能指标之一。灵敏度越高，望远镜就能看到更多、更暗弱的天体。灵敏度与望远镜的有效接收面积、系统噪声、观测带宽以及积分时间有关。建造更灵敏的射电望远镜是天文学家一直以来努力的方向。可以定义一个与望远镜本身参数（有效接收面积和系统噪声）有关而与观测参数（观测带宽和积分时间）无关的灵敏度，这就是绝对灵敏度。对单口径射电望远镜而言，提高绝对灵敏度最有效的方法就是增大有效接收面积和降低系统温度。

增大有效接收面积一方面要增加望远镜的几何口径，也就是建造口径更大的望远镜；另一方面要提高反射面的效率，这需要提高反射面的面形精度和指向精度。

降低系统温度需要采用更先进的接收机，降低电路中的噪声。一方面

1　L 波段的频率为 1 ~ 2 GHz，名称最早源来于雷达工程中"长波"英文"Long Wave"的首字母"L"。

要采用低噪声放大器，另一方面要减少电路接头的插入损耗。

2.1.1　传统望远镜的形态

　　传统的全可动射电望远镜在指向不同方向的时候要改变整个反射面以及与反射面固定连接的馈源的方位和俯仰，从而改变光轴的方向。自 20 世纪 70 年代德国 100 m 口径埃菲尔斯伯格望远镜建成以来，最大的全可动射电望远镜口径都在 100 m 左右，如美国的绿岸射电望远镜。我国现在已经开始建造口径超过 100 m 的全可动射电望远镜，如新疆 110 m 口径的全可动射电望远镜（奇台射电望远镜）。这些望远镜的口径都在 100 m 左右，但没有大幅超过 100 m，这是考虑工程难度、造价等因素得到的现阶段的合理指标。

　　简单地说，对射电望远镜性能影响最大的参数是接收面积。接收面积正比于口径的平方。此外，射电望远镜的造价主要和材料用量有关，它是一个三维物体，材料用量正比于口径的三次方。因此，简单来说，射电望远镜的性价比反比于口径。如果不进行创新，沿用原来建造全可动射电望远镜的方法，随着口径的增加，射电望远镜的建造会越来越困难，性价比会越来越低，从而限制全可动射电望远镜口径的大幅增加。因此，全可动射电望远镜的口径在几十年间没有大的突破，未来一段时间也不会有大幅增加。

　　想要大幅突破当前全可动射电望远镜的口径，必须采用新的设计方案。此前，确实有口径大幅突破 100 m 的射电望远镜，这些望远镜形态各异，其中形态最接近全可动射电望远镜的是口径为 305 m 的美国阿雷西博射电望远镜。

　　阿雷西博射电望远镜建在波多黎各岛的喀斯特洼地中，它有固定的球冠反射面，将馈源悬挂在馈源支撑平台的一个旋转机构上，通过旋转机构将馈源放置在适当的位置实现指向。阿雷西博射电望远镜的球冠反射面不能聚焦到一点，最早的时候使用线馈源进行观测。后来对馈源支撑平台进行了改造，增加了二次反射面和三次反射面，实现了聚焦。这个复杂的光路使馈源支撑平台的质量达到了将近 1000 t。从工程量和经济性来考虑，升级改造后的阿雷西博射电望远镜也达到了一个极限。此外，阿雷西博射电望远镜的台址位于加勒比海的岛屿上，飓风频发，其馈源支撑平台的巨大质量决定了它只能固定在反射面上方，无法方便地放下，所以这个馈源支撑平台要直面飓风侵袭。经年累月，馈源支撑索受到损伤而难以维修，最终依次断裂，使馈源支撑平台坠落，整台望远镜被摧毁。

阿雷西博射电望远镜的设计是突破性的，但如果按照这一设计再成倍扩大口径，那么馈源支撑平台的质量会达到几千吨，按照阿雷西博射电望远镜的教训，这是非常危险的。阿雷西博射电望远镜在多次飓风中受损，无法修复而最终坍塌，体现了这种重型馈源支撑的巨大缺陷。从某种意义上来说，阿雷西博这种类型的射电望远镜设计方案达到了极限，不创新就无法突破口径极限。

2.1.2　大射电望远镜的创新概念

在喀斯特洼地中建造大口径反射面是一个大幅增加射电望远镜口径的可行方案，但如何避免建设质量巨大的馈源支撑平台是一个关键问题。为了解决这个问题，需要对整个系统进行多项创新。

从前文的分析中可以看出，解决问题的关键是简化光路，不使用二次反射面和三次反射面，从而避免使用阿雷西博射电望远镜那样的大型馈源支撑平台。这需要望远镜能实现点聚焦，也就是在观测的时候，反射面照明区域应该是抛物面。而望远镜反射面的基准形态为球冠面，所以反射面要能从球冠面变形为抛物面。此外，使用轻型柔性支撑的馈源舱。通过索的驱动，将馈源放到反射面变形产生的抛物面的焦点位置，实现射电波的聚焦和接收。

和全可动射电望远镜以及阿雷西博射电望远镜不同，这种创新概念的望远镜，馈源舱和反射面之间没有刚性连接，而且二者的相对位置也不是固定不变的。馈源舱和反射面是两个独立的系统。要实现射电波的聚焦和接收，不仅要保证反射面的面形精度，还要保证馈源相位中心的位置精度。两个没有物理连接的独立系统只有协同工作才能进行观测。为了实现这种精确的协同工作，必须能够对反射面面形及馈源位置进行精确测量与控制。这项工作不太显眼，一般人通常不会注意到完成这项工作所涉及的测量与控制系统。

我们可以借助前文这些概念设计实现一台口径大幅超过当今全可动射电望远镜的单口径射电望远镜。增大口径是提高射电望远镜灵敏度的一种途径，而另一种途径是降低系统噪声。

接收面积增大 10% 和系统温度降低 10%，对射电望远镜灵敏度的提升是相当的，但相对而言，降低系统温度涉及的工作量要小得多[1]。因此，尽量降低系统温度是提高射电望远镜灵敏度的重要手段。射电望远镜在 L 波段的噪声主要来自接收机系统，天空背景的贡献主要来自银河系辐射，通常只有 5 K。通过优化接收机系统使系统温度降低，效益将是非常高的。

为了降低接收机噪声，应该使用低噪声放大器，对放大电路进行制冷并尽量简化电路，减少插入损耗。通过优化，可以将接收机对噪声温度的贡献从 20 K 左右降低到 10 K 左右，再加上冷空（天空中没有强射电源的区域）对噪声温度的贡献，望远镜在 L 波段的系统噪声可以低于 20 K。

| 2.2　选址与台址勘察 |

理论和实践都表明，喀斯特（也称为岩溶地貌）洼地是建造大射电望远镜的理想台址。一方面，喀斯特洼地有适合的形状，减少了土石方开挖

1　至少可以局限在实验室中。而增大望远镜口径要涉及选址、开挖、建设、测控等多项工作，复杂程度和成本相对较高。

量，极大地降低了望远镜的建造成本。另一方面，喀斯特洼地有丰富的地下水系，排水方便，积水的问题容易解决。再者，喀斯特洼地处于群山之中，山体可以遮挡干扰信号，有利于射电望远镜的观测。

在喀斯特洼地中建造大射电望远镜，选定台址和确定望远镜的尺寸显然是基础的先行工作，这两项工作相互关联。喀斯特洼地的大小限制了望远镜的尺寸，要建造口径超过 300 m 的望远镜，就要找到更大的洼地。

我国喀斯特地貌分布广泛，但主要集中在我国的西南地区，其中，在贵州省，喀斯特（出露）面积占其国土面积的 61.9%，尤其是贵州省南部分布有大量喀斯特洼地，所以选址的范围最终确定在了贵州省的喀斯特地貌区。

2.2.1　大射电望远镜对喀斯特洼地的要求

射电望远镜对台址的要求，除了尺寸要与望远镜相匹配，还包括无线电环境宁静、远离密集的居民区、具有稳定的地基和良好的基础承载力、自然环境温和、无地震等自然灾害的威胁等。

高灵敏度的射电望远镜要取得好的观测结果，无线电环境特别重要。只有在宁静的无线电环境中才有可能探测到暗弱的天体源，否则天体源的信号将被淹没在环境噪声中，此时，灵敏度再高的射电望远镜也无能为力。在这一点上，喀斯特洼地具有天然的优势。喀斯特洼地通常位于群山之中，这些山体可以阻挡地面电磁波的传播，从而创造一个相对宁静的无线电环境。山区居民相对较少，也减少了人类活动对无线电环境的影响。

当今地球上的无线电干扰大部分是人类活动产生的。人类的生产生活需要电子设备，尤其是无线通信设备，各类电子设备会使无线电环境变得嘈杂。电子设备的数量与发射功率和人口数量密切相关。人口规模较大的城镇通常会使用更多的电子设备和无线通信设备，所以要找到宁静的无线电环境，一个原则就是远离密集的居民区。

　　射电望远镜是精密的观测设备，馈源相位中心位置偏差 1 cm 就足以影响望远镜指向。为了保证望远镜的稳定性和指向精度，台址地基必须在较长时间内保持稳定，并具有足够的承载力。如果地基发生沉降，势必影响射电望远镜的指向，甚至危及望远镜安全。

　　与光学望远镜、红外望远镜不同，FAST 这样的低频射电望远镜对视宁度和水汽没有要求，所以这种射电望远镜可以建造在晴天较少的地区。但是，这种射电望远镜台址的环境应该是温和的。低温、高温以及较大的温度变化都会给望远镜的结构带来较大影响。

　　贵州省北部冬季较冷，有时还会出现冰冻天气，可能会对望远镜的结构产生威胁。2008 年冬天，冷空气南下导致了大范围的冰冻，大量输电线因为结冰而断裂，输电塔因为结冰而倒塌。随着全球变暖，这种极端天气发生的概率可能会增大。如果这种情况发生在射电望远镜上，射电望远镜很大概率也会坍塌。而贵州省南部冬季温度相对较高，出现冰冻灾害的可能性较小。温度变化对望远镜也有重要影响。射电望远镜的主体是钢结构，温度变化引起的热胀冷缩很显著，这一方面会影响望远镜的结构，另一方面也会影响望远镜的控制参数。不同温度下，望远镜反射面主索网形状和应力的关系不同，如果全年温差太大，望远镜反射面主索网的形状可能难以控制，在极端温度下可能导致索力超出限制，危及安全。

　　强对流天气产生的大风和冰雹也会威胁望远镜安全，缩短望远镜观测时间，降低望远镜效能。望远镜的主体结构（如圈梁和反射面主索网）相对坚固，几乎不受大风和冰雹的影响。但望远镜的馈源支撑系统是柔性结构，在大风的作用下会发生晃动。在特殊条件下，大风可能导致系统产生共振，从而发生危险。此外，望远镜的反射面是由厚度为 1 mm 左右的打孔铝板构成的，这种铝板没有足够的硬度，冰雹会在其上打出凹坑，这会影响反射面的精度和望远镜的灵敏度。

贵州省作为我国的内陆省份，几乎不受台风的影响，仅有几次到达贵州的台风，受到群山阻隔后，其风力都变得相对较弱，这与海岛和沿海地区相比是一个巨大的优势。但是，每年春夏季节，贵州会有强对流天气，可能会有冰雹，不可避免。为了让望远镜免受冰雹影响，需要通过人工影响天气的办法进行消雹作业，所以望远镜台址应该选在周边有道路的区域，这样才能及时有效开展人工消雹作业。

2.2.2　FAST 的选址

如何在大量的喀斯特洼地中筛选出满足这些要求的望远镜台址是一项具有挑战的工作。即使借助今天的高精度卫星高程和影像数据，也需要实地勘察，才能确定所找出来的洼地是否满足望远镜台址的要求。而在 20 多年前，选址是一项必须到达现场、手脚并用才能完成的艰苦工作。

从 1994 年开始，项目组首先使用遥感数据对贵州省的洼地进行普查筛选，找出了可以建设 300 m 以上口径望远镜的洼地。此后，项目组对筛选出的洼地进行现场考察和测量。1997 年，应用三维地形分析技术精细地对平塘县大窝凼（dàng）[1]、打多、梭（suō）坡、高务、小冲、打舵和普定县尚家冲等洼地进行了分析，生成了三维图像，并进行了球冠面拟合分析。

1999 年，随着 FAST 工程预研究的进行，结合洼地考察的结果，FAST 反射面初步确定为半径 300 m、口径 500 m 的球冠面。经过开挖量模拟计算和对候选区域无线电干扰环境、水文地质、气象、地震、资源环境、社会发展状况等因素进行全面分析后，最终确定平塘县大窝凼洼地（见图 2.1）是较为理想的台址。

开挖量是确定望远镜台址需要考虑的一个重要参量。不合适的台址有可能导致开挖量呈数量级的增长。对于贵州省这样的山区，土石方开挖通

1　"凼"这个字非常形象，就是洼地里有水。大窝凼洼地在建造 FAST 之前，中心就有一个落水洞。

常是工程建设成本中占比最大的部分。如果选址不当，可能使得望远镜建设经费主要用于土石方开挖，进而导致其他建设经费不足。除了减少土石方开挖，还需要考虑开挖土石方的处理，如果土石方需要长距离运输，势必会增加成本。因此，台址周边应该有方便倾倒土石的场地。如果大型洼地旁边有较小的洼地，那么一方面这些小的洼地可以作为土石倾倒的场所，另一方面，土石填满洼地后，这些小的洼地可以变成一块平整的场地，这对望远镜的建造来说非常重要，是建设车间和库房难得的场地。

图 2.1　大窝凼洼地原貌

2.2.3　台址勘察

FAST 的建造离不开地质勘察。地层出露、地层厚度、岩性组合关系和地质构造的发育程度不同，对工程建设的影响程度也不同。

FAST 台址——大窝凼洼地处于克度向斜东翼且近轴部的区域，褶皱构造不发育，有南北走向的区域性断层——董当断层从中部贯穿。大窝凼的原始地貌为一处近圆形的喀斯特洼地，四周为山峰或山脊，纵横剖面形态近似"U"形。东西方向开口比较规则，近似圆弧，开口直径约为 590 m。南北方向存在大、小两个洼地，它们习惯上被分别称为"大窝凼"（狭义的大窝凼）和"小窝凼"，小洼地位于北侧。

大洼地四周有 5 座较高的山峰，最高峰海拔 1201.2 m，地形最大高差 360.3 m。大洼地底部平坦，海拔 840.9 m。小洼地底部海拔 889.50 m。大、小洼地边壁海拔 840.9 ～ 980.0 m，组成一个相对闭合的大窝凼（广义的大窝凼）洼地，但在海拔 980.0 m 以上不闭合，东、南、西、北四方各有一个垭口与外界相通：东垭口海拔 1095.9 m，通向丁家湾；南垭口海拔 1003.1 m，为大窝凼的主要出入口；西垭口最低，海拔 981.2 m；北垭口海拔 1050 m，可通向热路、底笋。

| 2.3　主动反射面技术 |

FAST 虽然借鉴了阿雷西博射电望远镜在喀斯特洼地中建造望远镜的概念，但口径更大，必须避免建造重型馈源支撑平台。因此，FAST 面对的问题与阿雷西博射电望远镜完全不同，不能沿用阿雷西博射电望远镜的设计概念。其中，主动反射面就是 FAST 最重要的创新之一。

2.3.1　主动反射面的总体概念

射电望远镜的设计，牵一发而动全身。反射面采用球冠面作为基准形态最为方便，但是，平行光经球冠面反射只能聚焦成一条线。因此，阿雷西博射电望远镜在最早的时候使用线馈源接收信号。线馈源可以使用整个反射面，这是其优势。但是，传统线馈源最大的问题是带宽较窄，无法满足当今射电天文学大带宽的要求。阿雷西博射电望远镜后来加装了二次反射面和三次反射面，在三次焦点处实现了点聚焦。

为了减小馈源支撑系统的质量，必须避免使用二次反射面和三次反射面，简化光路，在主焦点聚焦。为了能实现主焦点聚焦，望远镜的照明区域必须是抛物面。因为反射面的基准形态是球冠面，要实现这个目标，必然涉及反射面变形。

计算发现，具有适当焦比的 300 m 口径抛物面和半径为 300 m 的球冠面之间的最大距离只有 0.5 m 左右（见图 2.2）。因此，从概念上来说，主动反射面是可能实现的。这也是 FAST 概念设计的重要基础，是 FAST 三大创新之一的主动反射面的理论基础。

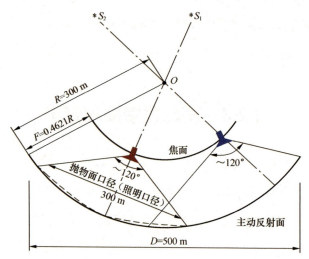

注：R 为球面半径，F 为焦距，D 为主动反射面口径。

图 2.2　FAST 光路，照明区域（变形区域）的口径是 300 m

从理论到实践还有很长的距离。为了实现变形，反射面应该由若干个反射面单元组成。对此，科学家们想出了很多种设计方案，主要可以归为两类：每个反射面单元独立支撑的方案和反射面整体柔性支撑的方案。

每个反射面单元独立支撑的方案需要在每个反射面单元下方建设支撑柱。考虑到地形原因，某些支撑柱的高度需要达到数十米，要保证足够的刚度是非常困难的。如果使用这种方案，要实现反射面从球冠面变形到抛物面将非常复杂。

反射面整体柔性支撑的方案可以避免每个反射面单元独立支撑所需克服的刚度问题，变形也更为方便。相比之下，这种方案更为现实。最终的设计方案是建设一个索网，整个反射面主索网由圈梁支撑。索网节点安装下拉索连接下方的促动器，促动器连接地锚，由促动器拉动索网节点实现索网变形。索网上安装反射面单元形成反射面。反射面单元共有 4450 个。其中，三角形反射面单元共有 4300 个，边长为 10.4 ～ 12.4 m，边缘的四边形反射面单元共有 150 个。边缘的四边形反射面单元形状不规则，是为了铺满整个反射面而加装的。一方面，这是为了尽可能提高望远镜在观测时的性能，另一方面也保证了望远镜的美观。

FAST 反射面单元由面板和背架等组成（见图 2.3），通过端点连接机构安装在一个由钢索编织成的索网上。反射面主索网由 8895 根钢索组成。索网节点处安装下拉索，与下方的促动器（见图 2.4）连接。促动器固定在地锚（见图 2.5）上，地锚共有 2225 个。反射面变形是通过索网变形实现的，反射面单元本身不变形。

图 2.3 FAST 反射面单元

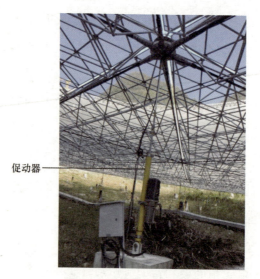

图 2.4　下拉索和促动器

促动器

图 2.5　地锚

　　FAST 主动反射面索网悬挂在圈梁上，反射面单元面板通过背架固定在反射面主索网节点上。也就是说，圈梁支撑了整个主动反射面的质量。圈梁由 50 根高度不一的格构柱支撑（见图 2.6）。考虑到格构柱刚度的不统一以及圈梁的温度变形，圈梁结构没有和格构柱固定连接。否则，圈梁将

对格构柱产生巨大的剪切应力，这会对结构的安全产生很大的威胁。最终
FAST 圈梁的设计借鉴了桥梁的设计，通过滑移支座放置在格构柱上，这样
就解决了圈梁热胀冷缩产生巨大剪切应力的问题。

图 2.6　FAST 圈梁以及 50 根支撑用的格构柱，周围的高塔是馈源支撑塔

2.3.2　主动反射面的变形

　　FAST 主动反射面的变形是通过促动器驱动下拉索调整索网节点位置
实现的，反射面单元本身并不变形。FAST 索网节点上有测量靶标，可
以通过全站仪测量每个靶标的位置，计算反射面面形。但是，因为反射
面体量巨大，不可能进行实时测量反馈，所以反射面变形采用开环控制，
不进行实时测量反馈，而是建立反射面面形模型数据库。反射面变形
的时候，控制下拉索的索力匹配从面形数据库中插值得到的面形模型。

　　反射面的面形不仅和下拉力有关，还和环境温度有关，所以不同季节
有不同的面形模型。为了提高反射面面形精度，目前 FAST 每个季度都会
对反射面面形进行定标，保证反射面处于最佳工作状态。

| 2.4　馈源支撑技术 |

FAST 要想实现高效接收无线电波的功能,除了主动反射面的精确变形,另一个关键点就是馈源相位中心的精确定位。馈源的位置精度对望远镜指向精度的影响比对主动反射面面形的影响更大。馈源的位置精度也会影响望远镜的灵敏度,试想,如果馈源偏离焦点,那么即使反射面能完美聚焦,望远镜也无法达到最佳灵敏度。

FAST 的反射面和馈源之间没有全可动射电望远镜的那种刚性连接,也没有阿雷西博射电望远镜那种相对固定的准刚性连接。可以说,FAST 的主动反射面和馈源支撑系统是完全独立的两个系统。FAST 的馈源必须依靠柔性支撑实现精确定位,始终保持在反射面的焦点上,才能实现与反射面的协同工作。

这是通过轻型索驱动并联机器人技术加上馈源舱内的多级支撑平台实现的,也是 FAST 的一大创新。轻型索驱动并联机器人使得馈源舱的位置精度达到了 48 mm 以内,而馈源舱内的精调平台最终使馈源相位中心的位置精度达到了 10 mm 以内。

2.4.1　轻型索驱动并联机器人技术

FAST 轻型索驱动并联机构是目前世界上已建成的最大绳牵引并联机构,由驱动机构、导向机构、缆索装置、控制系统、设备基础及其他附属设施组成。

6 根钢索一端连接馈源舱,另一端经过约百米高的支撑塔上的导向滑轮与塔下方地面上的驱动设备连接(见图 2.7)。通过驱动设备来改变钢索的长度,拖动馈源舱在百米直径的工作空间内运动,并将馈源定位于瞬时焦点,六索并联控制实现馈源舱的空间位置(控制点为 A 轴线和 B 轴线的焦点)误差最大值为 48 mm,空间姿态误差最大值为 1°。

　　6 座馈源支撑塔的高度均超过 100 m，在直径约为 600 m 的圆上均匀分布。以正北方对应表盘的 12 点，6 座塔分别位于 1 点、3 点、5 点、7 点、9 点和 11 点的位置。最低的 1 点塔高 112.5 m，最高的 11 点塔高 173.5 m，各座塔的塔顶均在同一海拔高程（1113.5 m）。6 座塔的塔中心线沿直径 600 m 的圆周等间距轴对称排列，并分布在主动反射面圈梁的外侧，其圆心与圈梁的圆心重合，每座塔的中心线在水平方向距离圈梁约 50 m，高出圈梁近 140 m。6 座塔均位于半山腰，各塔塔脚高低错落有致，完全适应起伏的山地地形，塔底最大跨度（根开）近 40 m。

图 2.7　索驱动并联机构的钢索（由 6 根钢索拖动馈源舱，
钢索下方是窗帘式缆线入舱机构）

　　6 根钢索拖动馈源舱（见图 2.8）在直径为 206 m 的焦面上运动，望远镜的馈源舱与反射面之间无刚性连接。接收机与地面的控制室之间需要进行通信，同时馈源舱内的设备也需要电力支持。针对这种移动式馈源、大跨度等特点，科学家专门设计了 6 套窗帘式机构为馈源舱提供动力与信号通道。FAST 团队与国内一流的光缆检验中心、光缆厂家进行了为期 4 年的 48 芯动光缆研制试验，创新性地研制出了新型动光缆。该光缆具有 10 万次的弯曲疲劳寿命，能够满足运动工况下光纤附加衰减值小于 0.05 dB

的指标要求，这是行业内首次达到该指标。

图2.8　由6根钢索支撑的馈源舱

索驱动并联机构支撑的是一个质量大约为30 t的馈源舱，其下方安装馈源及屏蔽布，舱中安装星形框架、AB转轴机构、Stewart平台（斯图尔特平台）、舱罩、接收机设备（制冷机），以及锚固头支座等其他机电设备/设施（见图2.9）。

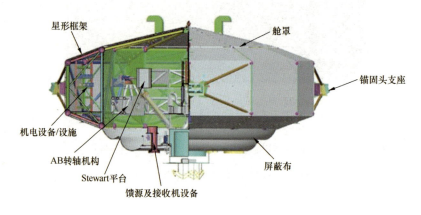

图2.9　馈源舱结构示意

馈源舱采用一个两轴转动机构（AB转轴机构）和一个并联机器人（Stewart平台[1]）共同完成馈源相位中心的精确定位和精确指向。AB转轴

1　一种并联机器人，由6个独立驱动臂支撑。这种平台可在三维空间内任意调整位置和朝向。

机构用于补偿馈源指向角度。Stewart 平台的下平台承载馈源及接收机，Stewart 平台用于补偿下平台的振动，达到稳定下平台馈源的目的。区别于一般的大型机构，馈源舱中的主动控制单元较多，控制单元之间相互影响、耦合。

　　与阿雷西博射电望远镜不同，FAST 的馈源舱质量轻，非常灵活，可以方便地降下。馈源舱降下的时候停靠在馈源舱停靠平台（见图 2.10）。馈源舱停靠平台位于主动反射面中心底部，是馈源舱安装、入港停靠、维护、检测的平台，也是安装、更换索驱动缆索的平台。

图 2.10　馈源舱停靠在馈源舱停靠平台

　　由于馈源舱停靠平台的存在，FAST 中心的 5 个反射面单元必须是活动的。目前采取的方案是在馈源舱升起后，加装临时反射面单元，这对降低系统噪声和减小驻波有一定的帮助。

2.4.2　馈源相位中心的精确定位

　　馈源相位中心的精确定位是 FAST 实现精确指向的基础，这是通过馈源支撑系统各级调整机构在总控系统下协同工作来实现的。

　　与主动反射面变形数千个节点上的靶标相比，馈源支撑系统的靶标数量要少得多，可以进行实时测量，这是可行的，也是必要的。这是望远镜精确指向的要求，也是望远镜安全运行的要求。馈源舱由6根钢索柔性支撑，容易受到风的影响，也容易产生共振。共振不仅影响馈源的位置精度，而且可能导致索力超限，危及望远镜安全。风是随机产生的，共振也会随机发生，要保证望远镜的安全，必须实时关注馈源舱状态，需要对馈源舱进行实时测量。

观测时，馈源舱位于反射面上方100多米，对激光全站仪而言，这个高度差引起的空气折射率变化[1]将使激光的传播路径偏离直线，从而影响测量精度。实际测量的时候必须考虑这个因素，这样才能实现馈源舱的精确测量。

最初的FAST测量依靠激光全站仪，所以测量系统只能在能见度较好的情况下工作。FAST台址通常比较潮湿，凌晨到日出之前经常会在窝凼中积聚大量雾气，激光全站仪在这个时段无法正常工作，导致望远镜无法运行。

为了提高望远镜的运行效率，必须让望远镜能全天候工作，关键就在于让测量系统不受天气影响。为此，FAST发展了基于全站仪、惯性导航、卫星导航等多种测量技术手段的新型数据融合测量方法，实现了不同测量技术手段之间的优势互补，建设了大尺寸、高精度、高动态、全天候的新型测量系统，用于测量馈源舱的位置和姿态。这个测量系统弥补了从前单一依靠激光全站仪的系统在大雾环境中无法工作的缺陷，极大地提升了FAST的运行效率，增加了有效观测时间。

因此，FAST总控系统可以根据测量数据，通过控制指令控制馈源舱的位置和姿态，并通过舱内的调整机构调整馈源相位中心的位置，实现馈源相位中心的精确定位，始终将馈源相位中心保持在瞬时抛物面的主焦点上。

| 2.5　测量与控制技术 |

FAST基础测量主要包括基准网测量、控制测量和固定点测量。基础测

1　空气密度随高度变化，空气折射率和空气密度有关。

量的绝对点位误差将造成 FAST 系统的整体平移。

　　基准网是整个测量系统的基础,为 FAST 工程的施工放样、安装标校、调试运行提供了精密的点位坐标基准,其测量精度及稳定性直接影响望远镜的安装精度和指向精度。控制测量包括控制点的测量和测站点位的测量,在天线运行时为馈源支撑测量、反射面测量提供高精度的测站以及测量控制基准。固定点测量主要包括 2225 个地锚点、150 个圈梁耳板、50 根圈梁格构柱、23 个测量基墩、6 个馈源支撑塔等位置的精密坐标测量。

　　测量基墩是 FAST 工程测量与控制系统的主体建筑(见图 2.11)。通过在大窝凼洼地内建造 23 个伸出反射面的基墩,加上一个建造在周围山体上的基墩[1](测量基墩分布图见图 2.12),为高精度测量仪器提供稳定、可靠的安装平台,完成对反射面单元位置和馈源舱位姿的测量,为反射面和馈源支撑控制提供测量数据。

图 2.11　测量基墩

1　这个测量基墩目前已经不使用了。

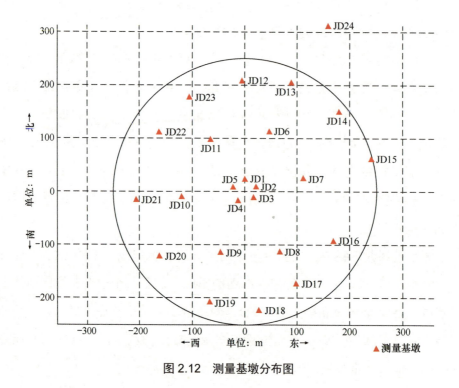

图 2.12　测量基墩分布图

2.5.1　主动反射面测量与控制

反射面进行基准球面和抛物面标定时，反射面测量系统通过 10 台全站仪对分布在反射面上的 2225 个靶标进行测量，获得该靶标的空间位置，进而得出当前时刻的反射面面形。反射面测量需要较长时间，无法像馈源舱一样做到实时测量。反射面测量的结果主要用于反射面面形模型的定标。

进行反射面测量时，以前期建设的点位精度小于 1 mm 的 23 个测量基墩作为基准点，所有全站仪对基准点进行测量，对获得的测量数据进行计算，得出每台仪器的补偿量，消除并统一各设备的误差，使多台测量设备获得统一的测量结果，反射面测量精度（均方根值）达到 0.85 mm。

由于 FAST 索网结构规模巨大，受力情况复杂，当促动器拉动索网节点时，其不一定严格沿径向运动，可能会有切向横移，这使得仅通过促动器调整量判断节点位置的结果并不准确，而且承受巨大拉力的下拉索的弹性变形也难以准确估计。反射面单元测量系统研发与实施项目的主要任务是对索网节点进行实时、精确的测量，以保证望远镜的运行精度。

主动反射面控制系统的主要目标是根据天文轨迹规划和测量数据，通过调整促动器的伸长量控制反射面单元的位置，形成位置和面形准确的抛物面。控制系统接收总控系统发来的天文观测指令及时钟信息，并综合反射面测量和健康监测系统的数据，实现对 2225 个促动器的控制。

如前文提到的，由于反射面测量所需时间较长，无法实现实时测量，因而无法实现闭环控制。FAST 主动反射面采用开环控制，在数据库中存储了一系列面形模型，对于实际所需达到的面形，通过查询数据库并进行插值得到对应的促动器伸长量，再通过控制促动器伸长量就可以实现。因为反射面索网受温度的影响，所以不同季节需要使用不同的模型。另外，随着时间的推移，索网本身可能发生变化，所以反射面面形的模型需要定期进行重新标定，这样才能保证 FAST 主动反射面在观测中达到所需要的精度。

2.5.2　馈源支撑测量与控制

馈源支撑测量系统由一次索驱动位置和姿态测量系统与精调平台位置和姿态测量系统两部分组成，采用精密的测量仪器，为馈源支撑控制系统提供一次支撑和精调平台的精确位置与姿态信息，实现馈源相位中心的精确定位。

馈源支撑测量的关键在于馈源舱的位置和姿态。馈源舱内精调平台的位置和姿态信息是相对容易得到的，几乎不受外界环境影响。而对馈源舱的位置和姿态的测量受环境影响较大，例如，激光全站仪在大雾环境中无法工作，这个时候就需要惯性导航系统提供馈源舱的位置和姿态。现在，FAST 也在发展微波测量系统，未来将确保馈源舱的位置和姿态可以进行全天候测量。

馈源支撑整体控制系统是针对馈源支撑系统的控制而设计的软硬件系统，包括馈源支撑整体控制系统软件及工控机、通信卡等相关硬件系统。该系统的主要任务是处理馈源支撑测量数据，为索驱动和馈源舱两个系统的本地控制提供可靠、实时的位姿参考；根据望远镜总控下达的天文观测任务，协调控制索驱动和馈源舱两个系统工作；对相关系统的健康监测数据进行接收和存储，并根据望远镜总控需求上传。

馈源支撑整体控制系统采用闭环控制，根据测量得到的馈源舱位置和姿态，以及馈源舱内精调平台的位置和姿态，结合观测任务给出下一步的控制指令。这种闭环控制模式可以保证馈源相位中心始终位于瞬时抛物面的主焦点位置，从而使 FAST 保持高指向精度。

2.5.3 总控系统

FAST 是复杂的大科学装置，由多个子系统组成。每个子系统由多个复杂的部分组成。这种复杂性决定了 FAST 的分块建设，子系统有自己的控制系统。各子系统建设完成后，要组成一台望远镜，需要各子系统协同工作。打个比方，一支部队有不同的作战单元，要协同作战，发挥最大的作战效能，必须有一个统一的指挥系统。FAST 的统一指挥系统就是总控系统。

FAST 总控系统联系、协调和控制各子系统的操作，使望远镜按计划进行天文观测。总控系统的主要任务是将观测任务参数和指令发送给各子系统，协调反射面、馈源支撑系统及接收机等的运行，监测各部件的运行状况，排除故障，收集、记录运行数据，并提供统一的时间标准。

总控系统将一个观测任务分解为主动反射面和馈源支撑系统的观测时段、运动轨迹以及接收机系统的后端、增益、数据存储目录等参数，下发给这些子系统。主动反射面系统根据观测时段和运动轨迹，通过自己的控制系统，将相应的参数转换为促动器伸长量的时序信息，下发给促动器的控制器，实现主动反射面对具体观测任务的变形操作。馈源支撑系统根据收到的观测时段和运动轨迹规划馈源支撑索的出索量时序信息，结合实时的馈源支撑测量数据进行调整，实现馈源舱沿观测轨迹运动。在此基础上，馈源支撑系统调整精调平台，保证馈源相位中心始终位于反射面形成的瞬时抛物面的焦点位置。在主动反射面和馈源跟踪天体的同时，接收机系统按照总控系统下发的参数选择相应的数字后端以及数据目录记录数据。简单来说，这样就可以完成天文观测了。

实际观测过程中，FAST 还会面临其他一些问题，如恶劣天气、馈源支撑系统索力超限、促动器故障、测量系统故障等。总控系统需要对这些情况进行评估，决定是否停止观测。

具体来说，恶劣天气主要指强对流天气。强对流天气可能产生大风、冰雹和雷电。风会使馈源舱偏离规划轨迹。在风速较小的情况下，馈源舱内的精调平台可以进行位置补偿，保证馈源相位中心始终位于瞬时抛物面的焦点位置。但精调平台的补偿量是有限的，随着风速的增大，精调平台可能无法完全补偿风造成的位置偏差，望远镜的指向精度和灵敏度下降。过大的风速可能导致馈源舱和馈源支撑索发生共振，威胁望远镜本身的安全。总控系统需要根据测量的风速等气象信息，判断望远镜在目前的气象条件下能否继续正常观测，如果不能正常观测，是否能在指向精度和灵敏度稍有下降的情况下继续观测，还是风速已经超过了安全运行的极限。如果大风危及望远镜安全，总控系统需要通过馈源支撑系统将馈源舱下降，使其回到窝凼底部的馈源舱停靠平台。

在观测过程中，接近 40° 天顶角极限的时候，馈源支撑索可能发生索力超限的情况。此时总控系统会报警，根据具体情况决定终止观测还是等待一段时间后再开始观测。根据计算，如果源的天顶角继续增大，说明源已经不可观测，此时应终止观测。如果源的天顶角会减小，说明观测应该等待一段时间后再开始。解决索力超限问题的方法通常是减小观测的天顶角。

FAST 主动反射面有 2225 根下拉索，对应 2225 个促动器。反射面变形是通过促动器拉动反射面索网实现的。促动器发生故障是概率较小的事件，但由于其数量众多，FAST 还是经常会发生促动器故障。不同位置的促动器发生故障对反射面索网有不同的影响，一个促动器发生故障会影响周围促动器的工作状态。如果一个促动器被锁定不动，而周围的促动器还在拉动反射面索网，就有可能导致索网局部索力超限，进而损坏索网。但是，如果因为少量促动器发生故障就停止观测，将会损失大量观测时间。为了在保证反射面索网安全的同时，最大程度保障望远镜的正常运行，FAST 开发了反射面实时安全评估系统，对促动器发生故障情况下的反射面索网进行评估，为总控系统决策提供依据。相比没有实时安全评估系统的时候，使用实时安全评估系统加上对促动器的及时修复，FAST 观测几乎不受促动器故障的影响。

FAST 馈源支撑系统的控制是闭环控制，依赖馈源舱位置和姿态的实时测量数据。如果测量系统发生故障，总控系统就无法掌握馈源舱的实时状态。在这种情况下，贸然下发控制指令可能导致不可预测的结果，此时，应等待测量系统恢复正常后再继续观测。如今，测量系统已经融合了激光测距、惯性导航、微波测距等系统，使得 FAST 测量系统发生故障的概率大大降低。FAST 总控室如图 2.13 所示。

图 2.13　FAST 总控室

| 2.6　FAST 接收机系统 |

反射面汇聚的信号通过接收机系统接收、处理、记录为可用的科学数据。一套完整的接收机系统包括前端的馈源和放大电路以及进行信号处理的数字后端，从前端到后端有一套信号传输系统。FAST 最初计划建设 9 套接收机系统，后来随着超宽带接收机技术的发展，9 套接收机系统合并调整为 7 套。未来，随着技术的发展和 FAST 的升级，接收机系统会进行扩建。

FAST 的频率覆盖范围为 70 MHz ～ 3 GHz，这是综合了科学目标、地球电离层截止频率，以及反射面与馈源相位中心控制精度确定的频率范围。未来可能会向低频和高频两个方向适当扩展。

望远镜的系统温度和接收机系统密切相关，它有多个来源，包括天空的辐射，这些辐射包括宇宙微波背景辐射、银河系同步辐射以及一些距离遥远且未分辨的射电源辐射。通常，在 1 ～ 10 GHz 频段，这些辐射对系统温度的贡献约为 5 K。在 1 GHz 以下频段，银河系同步辐射对系统温度的贡献随着频率的降低而增加，到 100 MHz 频率处可以达到几百 K 到几千 K。望远镜的系统温度与接收机温度和地面的贡献相关。

可以看到，对 FAST 来说，1 GHz 及以上频段（涵盖 L 波段和 S 波段）的系统温度主要是由接收机决定的。建造系统温度低的接收机对降低系统温度而言尤为重要。FAST 在 L 波段最重要的接收机是 19 波束接收机。使用 19 波束接收机，FAST 的最低系统温度可以优于 18 K，这对超过 20 K 的设计指标而言是巨大的提升。要想达到这个指标，需要对放大电路进行优化设计，并对接收机前端进行制冷。19 波束作为一个整体密封在制冷杜瓦中，馈源前方加装了微波透明的微波窗。整个 19 波束的很大一部分质量来自制冷系统。未来覆盖 0.5 ～ 3.3 GHz 频段的超宽带接收机也将是制冷的接收机，预计在 L 波段能达到类似的指标。

在 1 GHz 以下频段，系统温度主要由天空而不是设备贡献。尤其在约 100 MHz 频率处，天空的亮温度已经非常高了，所以接收机没必要制冷，可以使用轻量化设计。这样设计的低频接收机可以安装在 19 波束接收机旁边，同时进行观测。因为低频接收机波束较大，所以，即使稍微偏离焦点，也可以比较高效地进行观测。

FAST 接收机系统的前端放置在馈源舱中，数字后端放置在综合楼中。从 FAST 主体到综合楼有超过 1 km 的距离，这个距离超过了通常的全可动射电望远镜。在这样的距离上直接传输信号产生的衰减太大，不可接受。因此，FAST 首先将来自前端的电信号用电/光转换模块转换为光信号，通过低衰减的光纤将光信号传输到综合楼，然后用光/电转换模块将光信号转换为电信号，接入数字后端。

FAST 接收机系统有多套数字后端，以满足不同科学目标的需求。这些数字后端包括脉冲星后端、谱线后端、SETI 后端，它们的本质不同在于时间分辨率和频率分辨率不同。从格式上来说，脉冲星数据这种采样时间短的数据在一行里存储多条频谱，而谱线数据在一行里存储一条频谱。SETI 观测在多数时候没有候选信号，如果先将数据记录下来再进行后处理，计算量会非常大，所以 SETI 后端可以实时探测候选信号，这能够极大地帮助观测者快速找到候选信号。

| 2.7　FAST 的基本性能参数 |

FAST 主体部分包括主动反射面，馈源支撑塔和馈源支撑索，馈源舱及舱内的精调平台，馈源、制冷机等设备。

FAST 反射面是一个半径为 300 m、口径为 500 m 的球冠面（见图 2.14）。在观测的时候，反射面的照明区域从球冠面变形成 300 m 口径的瞬时抛物面，变形区域随着源的位置而变化，保持反射面变形区域中心、馈源相位中心、圆心在一条直线上，此直线对准源的方向。因此，FAST 相当于一台口径为 300 m 的望远镜。

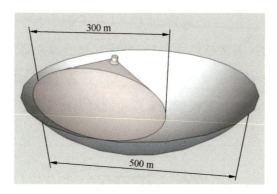

图 2.14　FAST 反射面

FAST 的 6 座馈源支撑塔位于圈梁外一个直径为 600 m 的圆的圆周上。由于地形起伏，它们的高度为 112.5 ～ 173.5 m，塔顶处于同一海拔高程。馈源舱由 6 根馈源支撑索拖动，在空中运动。由于是柔性支撑，6 个自由度不足以完全约束馈源舱的位置和姿态，馈源舱本身不能产生很大的倾斜，通过舱内精调平台的补偿，可以使馈源平面产生有限的倾斜。换句话说，馈源支撑系统限制了望远镜的观测天顶角的大小。

FAST 设计的最大观测天顶角为 40°。根据简单的几何关系可以知道，在天顶角 26.4° 内，反射面是完整的抛物面；天顶角从 26.4° 到 40°，瞬时抛物面超出 FAST 反射面，所以反射区域是不完整的抛物面，有效接收面积变小，而且地面噪声会进入接收机，使系统温度升高。为了减小天顶角超过 26.4° 时地面噪声的影响，FAST 采取馈源"回照"的策略，将馈源在其所在子午面内向反射面转动一定的角度，使照明区域尽量处于反射面内。

第 1 章曾提到过，表征望远镜灵敏度的极限流量为

$$S_v = \frac{kT_{\text{sys}}}{A_{\text{eff}}} \frac{1}{\sqrt{\Delta\tau\,\Delta v}} \qquad (2\text{-}1)$$

其中，k=1380 Jy · m²/K，是玻尔兹曼常量；A_{eff} 是望远镜的有效接收面积；T_{sys} 是系统温度。不同频段、不同天顶角，$R\,(\equiv A_{\text{eff}}/T_{\text{sys}})$ 不同，灵敏度不同。

从图 2.15 中可以看到，在天顶角 26.4° 以内，灵敏度基本保持不变。天顶角超过 26.4° 之后，有效接收面积 A_{eff} 随天顶角的增大而减小，这是几何面积减小造成的；系统温度随天顶角的增大而升高，这是由地面噪声进入接收机造成的。综合起来，灵敏度随天顶角的增大而降低。

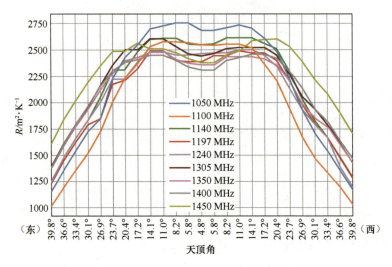

图 2.15　不同频段、不同天顶角时的 $R \equiv A_{eff}/T_{sys}$

为了实现不同的科学目标，FAST 建造有脉冲星、谱线、SETI 等多套数字后端。从本质上来说，不同数字后端得到的都是频谱的时间序列，但不同数字后端的时间分辨率和频率分辨率不同。注意，时间分辨率和频率分辨率不可能同时无限提高，两者满足不确定关系。要达到非常高的频率分辨率，就要增加积分时间；而要达到非常高的时间分辨率，只能减少通道数。

脉冲星后端的通道数目前有 1K、2K、4K 和 8K 共 4 种选择[1]，带宽为 500 MHz，可选的采样时间有 49.152 μs、98.304 μs 和 196.608 μs。不过，考虑到计算和数据传输问题，通道数最多的 8K 模式的采样时间只有 98.304 μs 和 196.608 μs 两种选择。脉冲星搜索常用的是 4K 通道、49.152 μs

---

1　按照计算机领域的惯例，1K=1024。

的采样时间。1K 和 2K 模式在明确知道脉冲星性质、需要节省存储空间的时候使用。

　　谱线后端有 64K 通道和 1M 通道、500 MHz 带宽的模式。此外，还有 31.25 MHz 带宽、64K 通道的模式。这 3 种模式分别适合河外星系观测、分子谱线搜寻和河内星际介质观测。谱线后端的时间分辨率（采样时间）可以为 0.1 s、0.5 s 或 1 s。使用 1M 通道、0.1 s 的采样时间搜寻恒星和行星的射电爆发信号是足够的。

　　SETI 后端可以提供 5 Hz 的频率分辨率和 10 s 的时间分辨率，只适合观测时间分辨率要求不太高的极窄频带信号。当今科学界认为，这就是地外文明可能具有的特征。SETI 观测需要大量观测时间。如前文提到的，射电望远镜可以将信号分成多个通路而不影响观测灵敏度，这是射电望远镜的一个重要性质。为了不挤占其他科学目标的观测时间并最大限度地增加 SETI 观测的时间，大部分 SETI 观测是和其他科学目标的观测同时进行的。FAST 的信号分为多路，接入不同的后端。SETI 后端在不影响主要科学目标观测的前提下，会同时记录数据。

　　FAST 观测数据除了分发给观测者，也存储在数据中心中。按照频率通道数和时间分辨率计算 FAST 观测产生的数据量。观测脉冲星的时候，通常每分钟可以产生 2 GB 数据。随着时间的推移，FAST 记录的数据越来越多，原来为调试建设的数据存储已经不能满足要求。FAST 在每年对数据存储进行扩容的同时，也在其他地方新建了数据中心，以满足 FAST 30 年观测的存储需求。

第 3 章　FAST 的核心科学目标

　　射电天文数据，就其原始形态而言，是强度的时间序列。通过傅里叶变换，可以得到随时间变化的频谱。于是，射电天文学的科学目标可以简单分为：主要分析时间序列的，对时间本身更感兴趣的时域科学目标；主要分析频谱的，对强度随频率的分布更感兴趣的频域科学目标；以及一些需要同时进行时间序列和频谱分析的其他科学目标。

　　这种区分不是绝对的。时域科学目标更关心时间的性质，例如，脉冲星观测更关心脉冲的到达时间，但并不是说脉冲星观测不需要频率信息。脉冲星信号穿过星际介质会产生色散，只有通过频率信息才能修正色散的影响，得到更接近真实的脉冲轮廓，这会直接影响对脉冲到达时间的测量。但由于时间分辨率较高，脉冲星观测不能得到很高的频率分辨率。

　　频域科学目标更关心强度随频率的变化，如中性氢和分子谱线的观测，但并不是说谱线的时间变化不重要。大部分源要在谱线上产生可见的变化通常需要几十年到几百年的时间，所以频域科学目标通常不关心时间变化。但近年来已经发现越来越多在几年时间内发生变化的活动星系核，也报道了很多潮汐瓦解事件。这些事件虽然时标比较短，但就谱线观测而言，不需要像脉冲星观测那样设计特别的时间－频率系统。

　　可以看出，时域观测和频域观测处于时间－频率二维参数空间的不同区域，二者之间必然有需要兼顾时间和频率信息的一些观测，如星际闪烁观测。由于时间分辨率和频率分辨率要满足不确定关系，所以二者不能同时无限提高。进行时间－频率联合分析的科学目标都需要仔细考虑所需的时间分辨率和频率分辨率。通常，对这类科学目标的分析需要不断调整时间分辨率和频率分辨率。对观测而言，不断调整时间分辨率和频率分辨率是难以做到的，目前的数字后端都是通过现场可编程门阵列（Field Programmable Gate Array，FPGA）实现原始信号到数据的转换，时间分辨率和频率分辨率只有固定的几种组合。目前只能记录基带数据，在数据分析的时候调整时间分辨率和频率分辨率。和其他格式的数据相比，这种分析过程是比较麻烦的。随着硬件的发展，未来有可能实现时间分辨率和频率分辨率的实时调整。

在设计阶段，天文工作者根据 FAST 的设计性能和天文学发展趋势为其规划了一些科学目标。时域科学目标包括脉冲星搜寻和对脉冲星进行计时观测，并利用脉冲星组成脉冲星计时阵，探测引力波。频域科学目标包括银河系中性氢 21 厘米谱线成图和观测河外星系的中性氢、观测星际有机分子。其他科学目标包括参与甚长基线干涉测量和 SETI。当然，随着天文学的发展，FAST 也增加了一些科学目标，其中最重要的就是对快速射电暴开展观测的时域科学目标，2007 年人类才第一次发现这种天体现象。快速射电暴的脉冲在修正星际介质造成的色散之后，其宽度一般只有几毫秒。根据色散，结合宇宙平均电子密度估计的距离表明它们来自宇宙深处。

| 3.1　时域科学目标 |

时域科学目标主要关心目标源的时间变化，对时间精度（包括时刻的精度和时段长短的精度）的要求相对较高，需要建立高精度的时间 – 频率系统。此外，用于时域科学目标的数据也要求有一定的频率分辨率，这样才能修正星际介质造成的色散。时域科学目标包括对脉冲星、快速射电暴等的观测。

3.1.1　脉冲星

脉冲星是中子星的一种,是能发出脉冲的中子星,因此而得名。中子星是一种质量和太阳质量[1]相当,但半径仅为约 10 km 的致密天体。这个大小与一座小城市差不多,也就是说,形成中子星需要把太阳压缩到一座小城市的大小。

因为质量大、半径小,所以中子星的引力非常强。正因为引力强、半径小,中子星的引力足以抵抗转动产生的离心力,所以脉冲星能够快速转动而不解体。有趣的是,中子星是靠引力来束缚的,所以作为中子星的脉冲星的转动周期是有下限的。通常认为中子星的自转周期不可能小于 1 ms。一方面,如果自转周期小于 1 ms,那么中子星表面物质所受离心力将会超过所受引力,它会发生解体。另一方面,目前认为毫秒脉冲星是吸积加速形成的,从原理上来说,这种加速过程无法将脉冲星加速到其表面物质所受离心力超过所受引力的状态。如果发现转动周期小于 1 ms 的亚毫秒脉冲星,那么这样的脉冲星很大概率不是中子星,而有可能是由奇异夸克物质组成的奇异星,或者由其他致密物质组成的天体。

构成脉冲星的物质具有极大的密度[2],处于一种极端物态。自然界中有 4 种基本相互作用:强相互作用、弱相互作用、电磁相互作用和引力相互作用。强相互作用和弱相互作用是短程相互作用,通常只发生在原子核内。对通常的物质而言,原子核只是原子中非常小的一部分,原子核外有巨大的空间。原子核与其他原子核之间没有强相互作用或弱相互作用。但是,脉冲星的物质密度极大,所有原子核之间的空间被挤压殆尽,原子核都被挤压到了一起。在这种情况下,强相互作用和弱相互作用在脉冲星的各个部分都变得很重要。脉冲星有 10^{12} G(10^8 T)甚至更强的磁场,在这么强的磁场中,随机放电产生的电子会沿磁场加速运动,发出辐射。当今科学界认为,

---

1　太阳质量约为 1.989×10^{30} kg。

2　密度可以用前文提到的质量和半径估计。

这就是脉冲星射电辐射的主要来源。脉冲星的强引力使得脉冲星表面可能非常平整，任何大的凸起结构都会在强引力的作用下坍塌。

脉冲星及其周围的物理过程涉及 4 种基本相互作用，是研究基本相互作用不可多得的"天空实验室"。通过观测脉冲星可以研究磁层中粒子的产生和加速。虽然当今科学界已经构建了很多脉冲星辐射模型，如外间隙模型、内间隙模型、环间隙模型，但关于脉冲星辐射过程和辐射机制，仍有很多细节待研究。

通常认为脉冲星辐射的能量来源于自转能。一个自然的推论是脉冲星的自转速度会随时间变慢，这非常符合脉冲星的实际观测结果。但实际上，也有一些被称为自转突跳（glitch）的现象，也就是脉冲星自转突然加快，当今科学界认为这可能是由脉冲星的特殊结构导致的。脉冲星表面有一个固体壳层，其内部是中子超流体，内部的转动速度快于外壳层。由于磁通钉扎效应，内部的超流体偶尔会与固体壳层耦合，带动外壳层突然加速，这样就产生了脉冲星的自转突跳。脉冲星的自转突跳是一种有趣的现象，也是探索脉冲星内部结构的一种重要途径，就像地震是探索地球内部结构的重要途径一样。

通过测量至少含有一颗脉冲星的双星系统[1]的脉冲到达时间，可以检验相对论。脉冲双星通常是由两个致密天体组成的。脉冲双星中，脉冲星的信号在经过伴星时会受到伴星引力场的影响，从而影响脉冲到达时间，因此可以通过测量脉冲到达时间研究伴星引力场的相对论效应。一个重要的效应就是夏皮罗时延（Shapiro delay），它在脉冲星计时残差中表现为一个特征形状的尖峰。通过夏皮罗时延可以测量伴星质量，结合计时观测得到的轨道周期等信息可以得到脉冲星质量。

脉冲星质量也是限制脉冲星物态方程的一个重要参量。按照物态方程可以计算致密星的质量－半径关系。如果脉冲星是中子星，那么其质量应

1　人类迄今为止只发现了一个由两颗脉冲星组成的脉冲双星系统，称之为双脉冲星系统。

为太阳质量的 1 ～ 2 倍。如果脉冲星由奇异夸克物质或其他致密物质构成，那么其可能的质量范围要大得多。因此，如果能探测到质量特别小或质量特别大的脉冲星，就能够排除一批中子物质的物态方程。目前已测量质量的脉冲星都在中子物质的物态方程所允许的范围内。最近几年已经发现了越来越多质量超过太阳质量两倍的脉冲星，排除了很多中子物质的物态方程，但仍然有一些特殊的中子物质的物态方程能满足要求。未来，发现更多大质量脉冲星是判断中子星物质组成的关键。

脉冲星由于质量大、密度大、受到外界扰动小，因此自转非常稳定。虽然辐射造成自转能量损失导致脉冲星自转变慢，以及偶然会出现自转突跳，但脉冲星每个脉冲的到达时间都是可以精确预测的。也就是说，脉冲星可以作为精确的时钟，而且它们大多位于宇宙深处。可以通过测量脉冲到达时间判断脉冲星信号在传播过程中受到的影响。具体来说，如果脉冲星信号传播受到引力波时空扰动的影响，我们是有可能通过脉冲星计时探测引力波的。按照尺寸和时标估计，通过对脉冲星计时阵的观测可以探测频率为纳赫兹级别的引力波。脉冲星计时阵是由若干颗脉冲星组成的阵列[1]，这些脉冲星由射电望远镜按照一到两周一次的频次进行观测，仔细修正星际介质的色散和法拉第旋转，可以得到良好的脉冲轮廓，从而进行高精度脉冲星计时操作。在观测数据积累时长足够长、计时精度足够高之后，有可能在脉冲星计时残差中找到引力波信号。目前，国际脉冲星计时阵观测已经积累了长达十几年的脉冲星计时数据，但计时精度与探测到引力波还有一定的距离。FAST 在脉冲星计时阵探测引力波方面大有可为。

前文提到，双星系统是检验广义相对论和其他引力理论的重要观测目标。除了现在已经发现的脉冲星 - 中子星双星和脉冲星 - 白矮星双星，未来还有可能发现由脉冲星和黑洞组成的双星系统。找到这种双星系统是射

1　脉冲星计时阵不是望远镜阵，而是脉冲星阵。

电天文学家心中的梦想。和其他脉冲双星一样，脉冲星 - 黑洞双星也是检验引力理论的重要观测目标。但更重要的是，这种双星系统是精确测量黑洞性质最理想的目标之一。天文学家已经通过成像的方式研究了星系中心超大质量黑洞的质量和自旋，但对恒星质量黑洞性质的精确测量需要依靠对脉冲星 - 黑洞双星系统的观测。

以上是通过脉冲星观测能实现的重要科学目标，它们将拓展我们的认知。要实现这些目标，前提是发现更多脉冲星，得到更大的脉冲星样本，这样才能发现稀有种类的脉冲星和双星系统。

现在已知的脉冲星有 3000 多颗，大部分在银河系中或银河系近邻的大麦哲伦云和小麦哲伦云中。大部分脉冲星的信号非常弱，低于噪声水平。脉冲星磁极发出射电辐射，在脉冲星转动、射电辐射束扫过地球时，我们就能观测到射电脉冲，这也是脉冲星得名的原因。简单来看，似乎只需要测量连续谱强度的时间序列就可以观测到脉冲星。人类发现第一颗脉冲星的时候，确实是在射电连续谱强度的时间序列上直接看到了这颗星的脉冲。这是因为这颗脉冲星的辐射很强，而且当时进行的是窄带观测。

实际上，大部分脉冲星的辐射强度都比较弱，在窄带观测的时间序列上无法直接看到脉冲。根据射电望远镜的灵敏度公式，加大带宽是不是就能观测到脉冲了呢？实际情况没有那么简单。射电波在星际等离子体中传播的时候是有色散的，高频射电波的传播快于低频射电波。进行宽带观测时，如果不进行消色散处理，不同频率的脉冲相位不同，叠加起来是看不到脉冲的。如果发现第一颗脉冲星之前进行的不是窄带观测，可能也无法直接在时间序列上看到脉冲。

真正进行脉冲星搜寻的时候，最基础的工作就是获取脉冲周期和色散量。脉冲周期可以借助傅里叶变换获取，而色散量通常只能多尝试几次才能获取。对于一般的孤立脉冲星，获取脉冲周期和色散量，就初步得到了它的基本参数，再通过进一步长时间计时观测，就可以确定这颗脉冲星的准确坐标和自转周期变化率了。对于双星系统中的脉冲星，情况要复杂一些，除了脉冲周期和色散量，还需要确定拟合轨道参数。这是在长时间计时观测中完成的，和孤立脉冲星的情形类似，在此过程中也可以确定其准确坐标和自转周期变化率。

无论是孤立脉冲星还是双星系统中的脉冲星，在确定了基本参数后，都需要进行常规的计时观测。常规的计时观测可以确定脉冲星的准确坐标，帮助了解脉冲星的长期演化，发现可能的周期突变，了解脉冲星的内部结构，检验高密度物质的物态方程。常规的脉冲轮廓和偏转测量可以帮助研究脉冲星磁层中的等离子放电过程。常规的脉冲轮廓测量也可以为更高精度的计时观测提供更好的轮廓模板。

高精度的脉冲星计时观测是检验广义相对论的基础。通过双星轨道的高精度测量可以精确测量脉冲星和伴星的质量，以及引力时间延缓、引力波能量损失，检验广义相对论和其他引力理论。历史上，正是通过对脉冲双星的长期计时观测，发现双星轨道的衰减符合引力波损失的规律，从而间接证明了引力波的存在。此外，通过脉冲星计时阵也有可能直接探测到宇宙中的纳赫兹引力波。图 3.1 给出了脉冲星示意。

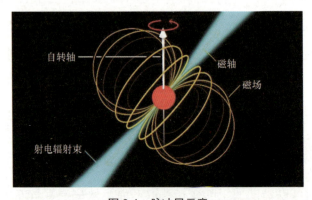

图 3.1　脉冲星示意

3.1.2　快速射电暴

快速射电暴是一种短时标爆发现象，2007 年才第一次被发现[1]（见图 3.2）。这种射电暴的脉冲在消色散之后的本征宽度一般只有几毫秒。根据不同频率的脉冲到达时延可以得到色散量，其本质是电子密度沿视线方向的积分。因此，根据色散量，结合宇宙中的平均电子密度，可以估计快速射电暴的距离。人们发现，快速射电暴的色散远远大于银河系电子所能产生的色散，它们都来自宇宙深处。

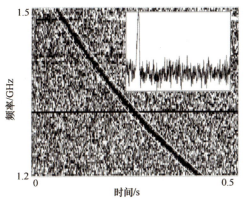

图 3.2　人类发现的第一个快速射电暴

最早发现的一批快速射电暴在爆发之后都没有重复，这使得我们难以进行后随观测，因而对它们的研究进行得非常困难。人们曾一度怀疑快速射电暴的真实性，直到 2012 年，美国的阿雷西博射电望远镜发现了第一个重复的快速射电暴。这是一个巨大的突破，让天文学家相信，快速射电暴是真实存在的，可以对这个快速射电暴进行后随观测，并对爆发进行统计，甚至有可能找到其周期。更为重要的是，这个重复的快速射电暴的发现暗示我们，应该存在更多重复的快速射电暴。

最近几年，由于加拿大氢线强度映射实验（CHIME）、澳大利亚平方

1　发现第一个快速射电暴后，人们又在历史数据中找到了更早的快速射电暴。但是，大家还是公认这是人类发现的第一个快速射电暴。

千米阵探路者（Australian Square Kilometre Array Pathfinder，ASKAP）、天籁等大视场望远镜投入使用，以及已有的射电望远镜将快速射电暴列为重要的科学目标，人类发现的快速射电暴事件数大幅增长。同时，自使用阿雷西博射电望远镜突破性地发现了重复的快速射电暴以来，天文学家发现了更多重复的快速射电暴。FAST 在其中发挥了重要作用。

FAST 的灵敏度较高，不仅扩大了快速射电暴的重复爆发样本，还帮助验证了之前被认为是不重复的快速射电暴实际上是重复的，并精确测量了它们的偏振。FAST 的这些观测也是具有突破性的。FAST 探测到同一个快速射电暴的重复爆发样本数通常能比原先提高一个量级，因此可以进行较完备的统计。FAST 对 FRB121102[1] 爆发样本的统计使科学家发现了能量分布的双峰结构。借助灵敏度优势，FAST 发现了大量低强度的爆发，这对于构建完备的统计样本至关重要。和 CHIME、ASKAP、天籁等望远镜阵相比，FAST 视场较小，不适合进行快速射电暴的盲巡，但可以对已知的快速射电暴进行观测。事实上，FAST 已经发现了很多已知快速射电暴的重复爆发。

现在已经发现了大量快速射电暴，但绝大多数快速射电暴来自银河系之外，这一点刚好和脉冲星相反。目前已知有一个快速射电暴位于银河系之内，公认是由磁星[2]SGR J1935+2154 产生的。对 SGR J1935+2154 产生的快速射电暴 FRB200428 进行观测，科学家们发现，快速射电暴可能和脉冲星有一定的联系。不过这个快速射电暴强度较小，不是典型的快速射电暴。要想真正了解快速射电暴的起源，还需要借助 FAST 和其他射电望远镜观测更多重复的快速射电暴，对它们进行偏振测量和多波段观测，确定其所

1　快速射电暴的编号是快速射电暴的英文缩写 FRB 加两位年份、两位月份、两位日期，如果一天内发现的快速射电暴超过一个，就用大写英文字母 A、B……依次编号。未来如果每天发现的快速射电暴数量很多，可能会采用与超新星类似的方法，26 个大写字母用完后，采用两位小写字母、三位小写字母，以此类推。

2　磁星是一种磁场极强的脉冲星，人们认为其辐射能量来自磁场能。磁星在最近几年也被叫作磁陀星，这里我们仍采用原来的名称。

处的环境。

对此，最近已经有了一些进展。FAST 结合其他波段的观测对几个快速射电暴进行了定位，找到了它们的寄主星系。其中，一个快速射电暴的色散量远超过理论预测，这表明它所处的环境中有较多的电离介质；一个快速射电暴的偏振特性在短时间内发生了变化，这表明其所处环境中存在小尺寸的快速变化。法拉第旋转测量也对环境的磁场强度给出了限制。这些观测让我们了解到，有一部分快速射电暴处于类似于超新星遗迹的复杂星际介质环境中，其辐射来自磁层中的物理过程。

根据上面提到的观测，有迹象表明，快速射电暴可能来自河外星系中的脉冲星。但很显然，我们目前还得不出任何明确的结论。揭开谜底仍然需要进行更多的观测。

| 3.2　频域科学目标 |

频域科学目标主要关心源的频谱形态，也就是强度随频率的分布。这些科学目标对频率分辨率和强度的测量精度有相对较高的要求。与时域科学目标相比，频域科学目标频谱的时间变化通常较慢，变化时标通常在数年的量级，因而不需要较高的时间分辨率。通常由于需要定标以及方便在数据处理过程中去除干扰，频谱数据采样时间从 0.1 s 到 1 s 不等。

在 FAST 70 MHz ～ 3 GHz 的频率范围中，中性氢 21 厘米谱线是强度最高、在宇宙中分布最广的谱线。这是因为，氢是宇宙中丰度最高且分布最广泛的元素，几乎无处不在。因此，中性氢 21 厘米谱线是研究银河系星际介质分布、银河系结构、河外星系形态和相互作用的重要探针。

除了中性氢 21 厘米谱线，在 FAST 频率范围内还有其他一些谱线，包括氢、氦和碳的复合线，以及 OH、CH 等的谱线，对这些谱线进行观测也是探测星际介质物理状态和化学过程的重要途径。

氢、氦和碳的复合线与中性氢21厘米谱线一样普遍存在，很容易在谱线数据中找到这些谱线。由于跃迁众多，这种谱线也广泛分布在频谱的各个部分。21厘米谱线来自中性氢原子的超精细跃迁，而复合线则来自电离介质中电子和离子的复合。

3.2.1　河内中性氢21厘米谱线成图

中性氢21厘米谱线最初是用一个口径不到1 m的馈源直接指向天空探测到的。直到现在，21厘米谱线观测还是射电天文实践课程中最常见的内容。只需要一台小射电望远镜，就可以观测到来自银道面的中性氢21厘米谱线。使用几十米口径的射电望远镜，就可以借助21厘米谱线观测对银河系的中性氢进行成图。埃菲尔斯伯格、帕克斯、阿雷西博等射电望远镜都进行过中性氢21厘米谱线成图。帕克斯射电望远镜位于南半球，可以观测到北半球的望远镜看不到的天区。埃菲尔斯伯格望远镜位于北半球，可以看到帕克斯射电望远镜看不到的天区。将北半球和南半球射电望远镜的中性氢21厘米谱线成图结合起来，就可以得到全天的中性氢21厘米谱线成图。从中性氢21厘米谱线成图数据中可以发现中性氢云，结合分子谱线以及尘埃辐射数据，可以研究星际介质的演化和恒星的形成。阿雷西博射电望远镜位于北半球的低纬度地区，如果它是一台全可动射电望远镜，那么它可以对非常大的天区进行中性氢21厘米谱线成图。但是，阿雷西博射电望远镜受结构所限，其观测天顶角不超过20°，可观测天区有限。相比其他望远镜，阿雷西博射电望远镜的灵敏度和角分辨率都较高。从阿雷西博射电望远镜进行的银河系阿雷西博L波段馈源阵列（Galactic Arecibo L-band Feed Array，GALFA）巡天得到的中性氢21厘米谱线成图中发现的新的线状结构，可能和星际磁场有关。

银河系中充满了中性氢，从各个方向几乎都能看到中性氢21厘米谱线。中性氢气体在银河系中形成了很多团块状的中性氢云。一方面，结合对分子谱线以及尘埃连续谱的观测，可以研究这些中性氢云和分子云的相互关系，理解银河系星际介质的演化规律。另一方面，这些中性氢云产生速度不同的谱线成分，这些氢云是银河系结构的示踪物。通过测量这些谱线的多普勒移动，可以确定中性氢云的速度，得出银河系的旋转模型。由于中性氢的分布范围较恒星更广，可以探测到在距离银心更远处的旋转曲线，所以更适合测量银河系的暗物质分布。这对于了解银河系的演化以及限制暗物质参数都有重要意义。我们正是通过用中性氢测定的旋转模型得出了银河系和其他星系的暗物质分布。

　　前文提到通过测量中性氢云的运动得到银河系的动力学模型。反过来，基于银河系的动力学模型，使用中性氢 21 厘米谱线测定的速度可以确定中性氢云与地球的距离，这样的测量距离称为动力学距离。当然，仅测量中性氢云的速度是无法同时得到距离和银河系结构的。实际上，有部分中性氢云的距离可以通过它附近的恒星、分子云、恒星形成区等天体的距离来估计。有了这些距离信息，通过动力学测距和这些距离进行比对，可以修正银河系的动力学模型。基于修正的银河系动力学模型又可以得到中性氢云的距离。如此迭代，可以得到一个自洽的银河系动力学模型。

　　由于 FAST 灵敏度较高，因此可以得到速度分辨率很高的频谱。通过这些频谱足以看到很多百米口径望远镜看不到的细节，如中性氢窄线自吸收（H I Narrow Self-Absorption，HINSA）。中性氢自吸收（H I Self-Absorption，HISA）是很早就观测到的在星际介质中普遍存在的现象，是前景中性氢云吸收背景中性氢辐射产生的，速度宽度通常超过 1 km/s。中性氢窄线自吸收是分子云中的少量中性氢吸收背景中性氢辐射产生的，速度宽度通常小于 1 km/s。在 FAST 建成以前，只有阿雷西博射电望远镜能够观测到中性氢窄线自吸收。FAST 的灵敏度比阿雷西博射电望远镜更高，所以非常适合观测中性氢窄线自吸收。不仅如此，由于灵敏度足够高，FAST 还能够测量中性氢窄线自吸收的偏振，并通过这种偏振测量方法首次测定了分子云核中的磁场强度，发现分子云核中磁场的衰减快于理论预期。这改变了我们对恒星形成时标的传统认识。

3.2.2　河外中性氢星系

银河系是一个旋涡星系，富含中性氢气体。实际上，类似银河系的旋涡星系和银河系一样，通常都是富含中性氢气体的。因此，通过中性氢 21 厘米谱线观测可以发现大量由中性氢示踪的星系，其中包括 FAST 可以成图的银河系近邻星系，以及距离更远、无法分辨但可以进行谱线观测的星系。

近邻星系 M31 和 M33 是 FAST 河外中性氢观测的重点区域。银河系所在的本星系群中有两个质量最大的星系，也就是银河系和 M31。本星系群中其他星系的质量要小得多。M31 距离银河系不到 1 Mpc（1 pc 即为 1 秒差距，是长度单位，1 pc ≈ 3.26 光年），是距离银河系最近的大星系，是河外中性氢观测中最重要的目标之一。M31 的张角约为 2°，而 FAST 在 L 波段的波束宽度约为 2.9′，所以 FAST 足以对 M31 进行比较精细的成图。M31 的中性氢 21 厘米谱线成图观测可以回答星系形成理论的一些关键问题，例如，M31 的大小是否符合星系形成理论的预期，M31 周围的矮星系数量是否符合冷暗物质宇宙学模型，有没有"矮星系丢失"，M31 的暗物质晕的分布是怎么样的，等等。测量 M31 中性氢与其中心距离的分布，可判定星系形成理论是否正确。有迹象表明，M31 中性氢分布的延展程度可能超过了理论预测的最大值。也就是说，M31 可能长得太大了。是不是果真如此？这是一个值得研究的问题。无论最终答案是什么，这对星系形成理论都是非常重要的。FAST 非常适合进行前文介绍的这些研究。从 FAST 所在纬度看，M31 上中天时的天顶角仅有十几度，所以 FAST 可以很好地对 M31 进行中性氢 21 厘米谱线成图。

此外，M31 周围还有一个较小的星系——M33。通常将 M31 所在天区和 M33 所在天区合起来作为一个整体进行研究。M31 和 M33 之间的中性氢结构也非常有趣，曾经有观测表明，这些中性氢可能是连接了这两个星系的潮汐结构。但更高分辨率的观测表明，这些中性氢结构可能位于 M31 和 M33 之间的几个矮星系。然而，这些观测并没有完整回答 M31 和 M33 之间是否存在潮汐结构的问题。在更高的灵敏度下，是否能观测到暗弱的中性氢结构？在这个问题上，依靠对延展源的高灵敏度，FAST 正好可以大展身手。事实上，FAST 已经在近邻星系 M106 周围发现了之前没有发现过的中性氢气体流，为理解近邻星系的气体吸积和气体循环过程提供了新的思路。

通常 FAST 近邻星系中性氢 21 厘米谱线成图的观测天区都比较大，需要的观测时间较长。按照波束宽度 2.9′ 计算，等效而言，1°×1° 天区至少需要近 1000 个波束才能完全覆盖，每个波束积分 5 min，考虑到换源等冗余，一共需要观测 100 h，而要覆盖 M31 和 M33 天区，可能需要观测超过 1000 h。实际观测时，使用扫描模式进行中性氢 21 厘米谱线成图观测。通过多次扫描，逐渐达到高灵敏度。FAST 得到的中性氢 21 厘米谱线成图质量是逐渐变好的。

除了近邻星系，其他星系的张角小于 FAST 波束宽度，不足以用 FAST 来分辨，它们对 FAST 而言相当于点源。这些星系不能用 FAST 进行中性氢 21 厘米谱线成图，但可以用 FAST 观测它们的中性氢 21 厘米谱线。和专门对近邻星系进行扫描的观测不同，虽然这些 FAST 不能分辨的星系有光学或其他波段的对应体，但对它们的观测更接近盲巡的模式。实际观测中，对这些河外中性氢星系的观测是和对河内中性氢 21 厘米谱线成图的观测同时进行的。这种同时观测的模式对提高 FAST 观测效率、最大化科学产出有重要意义。扫描观测得到的数据是频谱的时间序列，根据望远镜总控系统的指向数据，可以从时间中得到相应的指向，也就是赤经和赤纬坐标值，这样就得到了一系列位置的谱线。通常每秒记录一条谱线，而扫描速度小于或等于 15″/s[1]。因此，在一条扫描线上，这些记录了谱线的位置之间的距

1　采用漂移扫描模式，这个速度是地球转动角速度。在赤纬较高的地方，角速度小于 15″/s。

离通常小于15″。FAST 在 L 波段的波束宽度约为 2.9′，所以沿着每条扫描线，观测数据满足奈奎斯特采样定理[1]。FAST 使用 19 波束接收机进行漂移扫描观测。计算表明，令由 19 波束排成的六边形的一条边平行于赤纬圈，然后向北旋转 23.4°，这样得到的扫描线是均匀的，也能满足奈奎斯特采样定理。总的来说，漂移扫描观测到的信息量足以还原出天空分布图。这种天空分布图实际上是三维的数据块，也就是每个天空位置有一条谱线，或者换个角度看，每个频率有一张天图。

　　中性氢 21 厘米谱线的静止频率为 1420.405 751 766 7 MHz。河外星系的红移各不相同，所以其中性氢 21 厘米谱线的频率也不相同。寻找河外星系的过程就是寻找三维数据块中的"亮点"或"亮块"。星系典型的速度宽度为 200 km/s，对应的中性氢 21 厘米谱线宽度为 1 MHz。对于 500 MHz 带宽、64K 通道，1 MHz 宽度相当于大约 120 个通道。因为这些星系的角尺寸通常小于一个波束，所以在赤经－赤纬平面上只占据几个像素。河外星系在三维数据块里看起来像一些沿着频率方向的短的亮条。已经有专门的程序用于在三维数据块中搜寻这些特征。拥有这些特征的不一定就是河外星系，也可能是某种干扰。因此，找到河外星系的候选体后，还需要查看谱线形状。如果谱线形状符合河外星系中性氢 21 厘米谱线的特征，就可以初步确认这个候选体为河外中性氢星系。通过中性氢搜寻找到的河外星系还可以和已有的光学巡天进行交叉比对，进一步确认其真实性。但是需要注意的是，虽然到目前为止，大部分中性氢星系能找到与其对应的光学观测星系，但不一定所有的中性氢星系都有光学对应体。按照星系形成的过程，可能存在气体聚集，但恒星形成尚未开始的阶段，也可能存在富含气体、尘埃遮蔽严重的星系。因此，理论上有可能观测到只有中性氢，而没有光学对应体的星系。与通常的有光学对应体的中性氢星系相比，这些

1　简单来说，就是两条扫描线之间的距离小于半个波束，这样扫描天区的每个点都有足够的权重，能得到足够的信息量。

"暗星系"更有意思。它们可能可以帮助我们了解宇宙中星系演化、星际介质演化和恒星形成的很多细节。

中性氢 21 厘米谱线观测可以很好地测量河外星系的中性氢气体含量。中性氢 21 厘米谱线通常是光学薄的,所以积分强度和柱密度[1]有简单的对应。可以通过以下例子来理解。假设远处有一盏小灯,我们知道它的亮度是多少。那么,如果有很多盏小灯,并且互相没有遮挡,亮度和灯的数量成正比,我们可以根据测得的亮度计算远处有多少盏小灯。每个中性氢原子就相当于一盏小灯,光学薄的条件就相当于它们互相之间几乎没有遮挡,所以我们可以根据中性氢 21 厘米谱线的强度计算出中性氢原子的数量,也就是中性氢气体的含量。

中性氢观测也可以很好地测量河外星系中的暗物质质量。结合光学波段的观测,可以确定星系中恒星和气体等普通物质与暗物质的比例。搜寻暗物质比例异常、气体比例异常的星系可以找出特殊的星系,帮助我们更深入地理解组成星系的气体、恒星以及暗物质成分在星系的形成和演化中所起的作用。按照星系形成理论,宇宙中的暗物质先形成暗物质晕结构,然后气体在引力的作用下聚集在暗物质晕中。气体可能由于湍流运动发生密度涨落,密度大的区域在自引力的作用下坍缩。坍缩过程中会产生密度更大的气体云核,最终恒星在气体云核中产生。在不同的演化阶段,星系应该有不同的观测表现。暗物质晕刚刚形成的时候,既没有气体,也没有电磁辐射。随着气体进入暗物质晕,可以观测到中性氢,但暗物质晕中的暗物质比例非常高。这时可以观测到只含有中性氢的"暗星系"。当气体积累到一定量时,气体中开始形成恒星,逐渐形成我们通常看到的星系,其中既含有气体,又有恒星,既可以通过中性氢观测看到,又有光学对应体。但实际情况要复杂得多。有的星系中,恒星是快速形成的,气体被快速消耗,最终星系中几乎没有气体。一般认为,椭圆星系就是这样形成的。而

---

[1]　密度在视线方向的积分。

在观测上，椭圆星系中也几乎观测不到气体。旋涡星系的盘中不仅有恒星，还含有大量气体。因为恒星只能在气体密度足够的区域形成，所以旋涡星系的气体盘可能延伸到恒星盘之外很远的地方。通常气体盘的尺寸是恒星盘的 3 倍。因此，通过中性氢观测，有可能观测到光学观测看不到的现象。星系在演化过程中会发生相互作用，甚至产生并合。有理论认为，旋涡星系就是并合形成的。

星系要发生相互作用，它们之间的距离需要足够近。因为气体盘的尺寸大于恒星盘，所以随着恒星互相接近，气体盘会先与恒星盘发生相互作用。光学波段看起来正常的几个星系，从中性氢观测来看，可能已经在发生相互作用了。这些发生相互作用的星系从中性氢观测来看，其形态是异常的。因此，通过搜寻异常形态的中性氢 21 厘米谱线，可以找到正在发生相互作用的星系，帮助我们理解星系并合的过程。著名的斯蒂芬五重星系群就是一个典型的相互作用星系系统。从光学观测来看，这个星系群里的星系似乎是独立存在的。但通过中性氢观测可以发现，这些星系外围的气体盘已经在发生剧烈的相互作用，形成了形态复杂的气体结构。这个著名的星系群已经被甚大阵等望远镜细致观测过多次。但正如过往经验告诉我们的，新的参数空间通常会带来新的发现。FAST 已经在斯蒂芬五重星系群中发现了已知的尺寸最大的中性氢气体结构。这个结构打破了我们对星系际气体结构的传统认识，目前还不清楚为什么这么大尺寸的气体结构能长时间稳定存在。

星系中存在光度和谱线宽度的经验关系。其中，旋涡星系光度和谱线宽度的关系被称为塔利－费舍尔关系（Tully-Fisher Relation）。基于塔利－费舍尔关系，可以通过测量谱线宽度得到旋涡星系的本征光度，而亮度是可以测量的，因此可以通过测量中性氢 21 厘米谱线宽度得到星系的距离。这样的测量距离是不依赖红移的。红移可以通过中性氢 21 厘米谱线的中性频率得到，或者由光学对应体的红移得到。这样，中性氢观测就提供了一种独立检验宇宙学中红移－距离关系的方法。

目前 FAST 正在进行中性氢星系巡天。通过这一巡天，预计将得到数万个中性氢星系的中性氢 21 厘米谱线。对这些谱线的强度和线宽的测量将为天文学家提供迄今为止最大的中性氢星系样本。这将帮助完善中性氢星系质量函数的小质量端，对研究星系本身的演化十分重要。通过中性氢 21 厘米谱线观测，结合塔利 - 费舍尔关系得到的红移 - 距离关系也将为各种宇宙学模型提供独立的检验。

3.2.3　分子谱线

星际介质中除了中性氢，还有很多其他成分，包括处于激发态的氢原子、碳原子和很多分子。这些粒子会发出 FAST 频率范围内的复合线或分子谱线。

在 FAST 频率范围内已经观测到了氢、氦和碳等元素的大量复合线。通过测量这些复合线，并结合中性氢观测，可以确定星际介质中温暖成分的物理状态。

对分子谱线的观测可以帮助我们理解分子态的星际介质。理论上，有很多分子谱线的频率处于 FAST 频率范围内。但在实际的星际环境中，受到分子丰度、激发条件的影响，目前在 3 GHz 以下频段测得的分子谱线较少，主要是 OH 的 4 条谱线。依靠 FAST 的高灵敏度，有可能在这个频段发现新的分子谱线，包括一些长碳链分子 $HC_{2n+1}N$ 的谱线。FAST 有望观测到新的长碳链分子，这有助于当今科学界更进一步理解星际大分子的形成过程。

3.2.4　连续谱

恒星不仅会诞生，也会死亡。恒星诞生、演化和死亡过程中会不断改变其周围的星际介质。恒星形成后会加热周围的气体，分子会在恒星的辐射作用下离解。大质量恒星会产生紫外辐射，导致气体电离，产生电离氢区。恒星演化过程中会产生星风，星风和星际介质的碰撞会产生激波，也会导致少量星际介质电离。小质量恒星死亡时会先形成红巨星，抛射大量物质，这些物质也会和星际介质碰撞产生激波，电离星际介质。大质量恒星死亡时会产生超新星爆发。这是一种剧烈的爆发，会产生很强的激波，电离大片星际介质。质量为太阳质量 8～25 倍的大质量恒星死亡后，会形成脉冲星和超新星遗迹，这些超新星遗迹含有大量自由电子。因此，与中性氢气体和分子气体一样，电离气体也是星系中的重要成分。

脉冲星是重要的射电源。实际上，一些射电连续谱比较陡的源后来被证明是脉冲星。电离气体中含有大量自由电子，电离气体的湍动也会产生星际磁场。电子在磁场中运动产生回旋辐射和同步辐射，这是射电连续谱的主要来源。因此，射电连续谱可以示踪自由电子和磁场。整个银河系都充满了磁场和自由电子，所以全天都能看到射电连续谱。实际上，在低频射电波段，银河系同步辐射贡献了大部分噪声温度，导致射电望远镜在低频的系统温度主要由天空辐射主导。

电离氢区和超新星遗迹含有大量电离气体，它们是重要的射电连续谱源。通过连续谱成图可以搜寻电离氢区和超新星遗迹，它们分别对应恒星诞生及恒星死亡过程。对电离氢区和超新星遗迹的射电连续谱观测可以帮助我们理解星际介质的能量平衡、高能宇宙线起源、星际介质湍流能量注入等问题。

| 3.3　其他科学目标 |

除了对时间精度要求相对较高的时域科学目标和对频率精度要求相对较高的频域科学目标，还有其他一些科学目标不仅有较高的时间精度要求，而且有相对较高的频率精度要求。实现这些科学目标的观测不能简单归结为时域观测或频域观测，通常需要进行时间 - 频率的联合分析。

3.3.1　星际闪烁

通过大气，会看到恒星在闪烁。这是因为地球大气中的湍流会影响星光的传播，使恒星的像抖动。星际介质和行星际介质中的湍流也会产生类似的效应，这就是星际闪烁和行星际闪烁。我们可以通过恒星星像的抖动研究大气中的湍流，也可以用星际闪烁研究星际和行星际介质中的湍流。

星际闪烁的研究需要进行时间－频率联合分析，对脉冲星的时间－频率图（动态谱）进行研究。对于已知色散量的脉冲星，首先对动态谱进行消色散操作。对消色散后的动态谱[1]进行傅里叶变换可以得到二次谱（见图 3.3）。星际闪烁会在二次谱中产生弧状结构。通过测量弧状结构的参数可以得出星际介质中的湍流谱等信息。

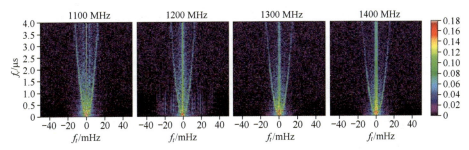

注：mHz，毫赫兹；f_ν 和 f_t 是对动态谱进行二维傅里叶变换得到的二次谱的两个坐标轴的变量（分别对应频率和观测时间）。

图 3.3　脉冲星 PSR B1929+10 在 4 个波段的二次谱

3.3.2　地外文明探索（SETI）

观察星际射电连续谱可以发现，$1 \sim 10$ GHz 是比强度最低的频段。或者说，这是亮温度最低的频段，也就是天空最"暗"的频段。基于这个观察，人们通常认为，观测地外文明信号最好的频段是 $1 \sim 10$ GHz，这是星际介质最为透明、天空背景辐射强度最低的频段。还有研究者进一步指出，这个频段有几条普遍存在的特征谱线，也就是中性氢 21 厘米谱线和 OH 的几条谱线。如果地外文明想互相交流，从缩小频率范围的角度来说，大概率会把频率选在折线谱线之间，具体就是从中性氢 21 厘米谱线（1420 MHz）

1　频谱按照时间顺序排列成一个二维数组，一个维度是频率 f_ν，另一个维度是时间 f_t。时间轴上每一格的大小就是频谱的采样时间。

到通常最强的两条 OH 谱线（1665/1667 MHz）。这个频率范围被称为"水洞"，原因在于，H 和 OH 结合就是水（H_2O）。当然，这只是特定时期的"一家之言"。现在接收机带宽已经可以达到数百兆赫甚至更宽，计算能力也使我们可以在更宽的频率范围内搜寻可能的信号。因此，目前 SETI 是在整个观测频段内进行的。

地外文明信号可能具有什么样的特征？如果是地外文明主动发出信号寻求与其他文明通信，从节省能量的角度考虑，这种信号可能是窄带的，看起来就像是谱线。如果是地外文明泄露出来的生活信号，那么应该是多种多样的，但总的来说，还是相对较窄的信号。因此，一般认为，地外文明信号是窄带信号。从频率来看，这个信号可能只占据几个通道。通常认为，地外文明和人类文明一样要依靠一颗行星，这颗行星围绕恒星转动。所以在动态谱上看地外文明产生的窄带信号，频率会随时间漂移，这是行星轨道运动造成的。

时间分辨率和频率分辨率满足不确定关系，通常的观测不会把时间分辨率和高频率分辨率的乘积推向极端情况。而 SETI 观测要求大约 1 Hz 的频率分辨率，时间分辨率同时达到大约 1 s，二者的乘积已达到不确定关系的极限。在观测中，测量到窄带信号频率随时间的漂移符合行星绕恒星转动的规律，最终确定信号频率漂移的周期和行星运动周期相同，这个信号才能被看作一个可能的地外文明信号。因此，SETI 最终也需要进行多频段观测，因为需要光学观测独立给出行星运动周期。只有满足上述两个条件，才能真正确定地外文明信号的真实性。鉴于宜居行星的轨道周期大多是年的量级，找到并确认一个地外文明信号需要几年甚至几十年长期坚持不懈的观测。为此，在 SETI 最热门的时候，由私人资助成立了 SETI 研究所，并建造了一个专门用于地外文明信号搜寻的艾伦望远镜阵（Allen Telescope Array，ATA）。

除了需要长时间观测，观测地外文明信号的另一大挑战是排除来自地

球的射频干扰（Radio-Frequency Interference，RFI）。到目前为止，人类看
到的大部分候选的地外文明信号最终被证明是来源于地球的射频干扰信号
或人造航天器发出的信号。艾伦望远镜阵就曾经接收到旅行者 1 号的信号。
这个信号在动态谱上看起来是一条斜线，故预测地外文明信号看起来也是
类似的斜线。要找到真正的地外文明信号，排除射频干扰信号和人造航天
器的信号是重要的工作。

从另一个角度来看，除了排除射频干扰信号，认识人类产生的射频干
扰信号本身对搜寻地外文明信号也有帮助。我们可以估计各种不同特征的
信号的强度和频次，从而改进我们对地外文明信号的预测。

早期的望远镜没有多波束接收机，SETI 观测通常是用单波束接收机进
行的。相比单波束接收机，多波束接收机不仅观测效率更高，还在排除射
频干扰信号方面有独特的作用。FAST 多波束接收机就为排除射频干扰信
号提供了一个很好的方法。来自地球的射频干扰信号通常角分布很宽，会
进入多个波束，甚至所有波束。而来源于宇宙深处的信号的角分布很窄，
通常只会进入一个波束。如果我们仅在一个波束中探测到具有预期时间 -
频率特征的窄带信号，这个信号就有更大的可能性是一个地外文明信号。
FAST 观测到的动态谱中有很多形态和地外文明信号相似的线条，但大部
分是在多个波束甚至所有波束中出现的。可以肯定，这些信号都是射频干
扰信号。

FAST 也探测到了一些疑似信号，它们仅来自一个波束，表明很有可能
是来自宇宙深处的信号。不过，这些信号最终都被证明和后端电路中的人
为效应有关。到目前为止，FAST 还没有探测到令人信服的地外文明信号。
虽然现状多少有些令人沮丧，但我们一直在深化对观测系统、射频干扰和
地外文明信号的认识，我们的探索还在继续。

第 4 章　FAST 的建设和调试

| 4.1　台址与观测基地的建设 |

如果把 FAST 比喻为观天巨眼，那么望远镜台址和观测基地就是巨眼的眼眶以及身体和大脑。即便巨眼视力非凡，但如果没有适配的眼眶、强壮的身体和灵活的大脑，它也无法发挥作用。为了让巨眼发挥其巨大的威力，我们需要支撑起巨眼的强壮"巨人"，这个"巨人"就是 FAST 观测基地。

FAST 观测基地所在的喀斯特地区地质相对稳定，历史上地震很少，从地质安全的角度来看，是建造观测基地和巨型望远镜的理想台址。喀斯特地区洼地众多，排水良好，从水文角度来看，也是建造巨型望远镜的适宜台址。因为喀斯特地区地下暗河众多，降水能很快下渗到地下暗河中，很少在洼地中积聚。FAST 台址位于贵州省南部，冬无严寒、夏无酷暑，没有气候和温度的极端变化。这里位于内陆，与海洋有一定的距离，几乎不受台风的影响。曾经有极少数深入大陆的台风到达这里，但从未造成很大影响。这些气候条件对于建造望远镜是十分重要的。气候温和，很少有大风，是望远镜安全运行的基本保证。没有温度的极端变化对望远镜反射面的精确变形也至关重要，因为不同温度下，将反射面变形为抛物面需要不同的索力。如果温度过低，有时还会导致索力超限，使得望远镜在某些天顶角条件下无法实现观测。FAST 的馈源舱采用的是柔性钢索支撑方案，相比刚性结构，这种结构更容易受到风的扰动。在通常的风力作用下，馈源舱晃动可以通过馈源舱内的精调平台进行补偿，从而保证馈源相位中心始终处于抛物面的焦点上。但在大风的作用下，馈源舱晃动可能超过精调平台所能补偿的范围，这样就无法保证望远镜的指向精度。更为严重的是，在大风的作用下，馈源舱和馈源支撑索系统可能产生共振，导致馈源支撑索损伤，威胁望远镜的安全。因此，气候温和的 FAST 台址非常适合建造巨型射电望远镜。

对 FAST 来说，土石方开挖的费用是建设成本中占比很大的一部分。在贵州山区，土石方开挖和运输比在平原要更困难一些，因而开挖成本要更高一些。FAST 台址接近球冠的形状最大限度地减少了土石方开挖量，节约了大量开挖成本。此外，FAST 建设充分利用了 FAST 台址旁边的小窝凼、南窝凼等小型窝凼，将它们作为堆放土石的场地，这对开展 FAST 建设和运行工作来说是非常有利的。通过在小窝凼和南窝凼堆放土石并压实，FAST 观测基地得到了两块难得的平整场地，这两块场地现在已经成为实验室和库房，成了 FAST 观测基地重要的组成部分。

精心设计的土石方开挖和填埋方案以及精心建造的观测基地保证了 FAST 的稳定运行和数据产出，也确保了 FAST 能够源源不断地产出重要的科学成果。

4.1.1　台址的建设

FAST 建设在贵州省南部黔南布依族苗族自治州平塘县克度镇的大窝凼洼地中。贵州省是喀斯特地貌大省，喀斯特（出露）面积占其国土面积的61.9%，喀斯特地貌底层厚度可达几千米，甚至万米。黔南布依族苗族自治州的大部分面积是喀斯特地貌。喀斯特洼地是因地下河溶蚀、地面塌陷形成的，形态多样。FAST 台址所在地区群山环绕，山间有大量洼地。FAST 反射面的基准形态是球冠面，所以 FAST 的理想台址是形态接近球冠面的圆形洼地。很多喀斯特洼地的形状接近球冠面，适合成为 FAST 台址。一方面，喀斯特洼地群山环绕，人烟稀少，人类活动对电磁环境的影响较小。

另一方面，群山阻挡了来自远处的电磁波干扰，使得洼地中的电磁环境相对比较宁静。这也是选择喀斯特洼地作为 FAST 台址的一个重要因素。

FAST 所在的大窝凼洼地是从前期筛选得到的数百个候选洼地中优选出来的。20 世纪末，遥感技术还没有今天这么发达，更没有今天这么方便的无人机，那时卫星遥感图像的空间分辨率有限，筛选洼地大多需要实地勘测。此外，那时的道路等基础设施远没有现在这么完善，众多洼地中虽然有人居住，但没有公路可以到达，所以依赖实地勘察的选址过程非常不容易。

大窝凼洼地周围环绕着若干其他洼地，在这些洼地中，大窝凼海拔最高。一方面，这有助于遮挡远处相对较低海拔的射频干扰，另一方面，这也有利于排水，减少了强降水对望远镜的威胁。事实上，可以观察到，虽然同为洼地，FAST 周边有的洼地常年积水，有的洼地在降雨量特别大的时候还会被洪水淹没，并不是所有喀斯特洼地都能避免积水。因为水往低处流，所以相对而言，海拔较高的洼地就比较安全。大窝凼底部有一个落水洞，之前下雨，雨水都从落水洞流入地下，因此大窝凼从未被水淹没。为了确保安全，FAST 工程另外开凿了一条排水隧道通往旁边海拔较低的一个窝凼。

4.1.2　观测基地的建设

FAST 观测基地是一个复杂的系统，包括道路、管线、综合楼等基础设施。这个系统也是一个有机体，物质和信息在这里交换，保证了观测人员的正常工作和生活，支撑了望远镜的健康运行。如果整个观测基地是巨人的身体，那么道路、管线就像是巨人的血管和神经，综合楼就是整个观测基地的大脑。

最初，FAST 的总控系统、接收机后端和数据中心都建设在综合楼中。观测指令从总控系统发出，控制观天巨眼精准运动和调焦。观天巨眼获得的信息，通过电缆和光缆传送回综合楼，经接收机后端处理，存储到数据中心。随着观测数据的积累，原有的数据中心不能满足新时期的观测和研究需求，因此已开始在其他地方建设数据中心。可以认为，FAST 观测基地已经向外延伸了。目前，在距离 FAST 台址最近的天文小镇建设了新的 FAST 数据中心。按照空间计算，这个数据中心足以满足 FAST 数十年的数据存储需求。

　　FAST 观测基地正是以这样不起眼的方式低调地保证了 FAST 的高效运行。FAST 不是独立存在的观天巨眼，它是由像大脑一样聪明的总控系统指挥、像身体一样强健的观测基地支撑的观天巨眼。

| 4.2　主体结构的建设和调试 |

　　FAST 的主体结构就是观天巨眼本身，主要包括主动反射面系统、馈源支撑系统、接收机系统（电子学系统）以及保证这些系统协调、高效运行的测量与控制系统。这是一个需要互相配合的复杂系统，建设和调试都不是容易的事。

4.2.1　主体结构的建设

　　FAST 的主动反射面由 4450 个反射面单元组成，这些单元都安装在主索网上，而整个主索网悬挂在圆形的圈梁上。可以说，FAST 反射面的质量完全由圈梁支撑。圈梁口面保持水平，而大窝凼的山体是崎岖不平的。可以想象，支撑圈梁的格构柱有不同的高度，从几米到几十米不等，一共 50 根。本质上，格构柱是最终支撑 FAST 主动反射面质量的结构。

　　格构柱在水平面上的投影位于直径约为 500 m 的圆上，是 FAST 主动反射面系统的基础。因此，首先建造的是格构柱。在 50 根格构柱建造完成并达到预定高度后，开始圈梁的拼接。圈梁是在地面分段组装，然后吊装到格构柱上方拼接而成的。

圈梁和格构柱之间并没有固定连接，这项技术借鉴了大型桥梁的滑移支座。格构柱长短不一，因而刚度不均匀，而且因为圈梁非常大，热胀冷缩的变形量比较大，如果和格构柱有固定连接，将产生巨大而不均匀的应力，威胁整个结构的安全。使用滑移支座就避免了热胀冷缩产生的巨大应力以及刚度不均匀造成的应力集中，保证了圈梁整体结构的安全。

圈梁连接完成后，开始安装主索网和相应的下拉索。主索网不仅需要承受大应力幅，而且需要具有极高的耐疲劳性能。最初，市场上的所有索都无法满足 FAST 的要求，所有用于实验的索都在若干次应力加载循环之后断裂，远未达到 FAST 所需的耐疲劳性能要求。为了克服这个困难，FAST 工程项目组走访了多家制索企业，合作进行了钢索和配套零件的研发。FAST 主索网最后使用的索是历经了多次创新和改进制造出来的。主索网虽然跨度大，但它同时还有很高的精度要求，否则反射面难以进行精确变形。为此，索在恒温的车间中生产，保证长度精确满足设计指标。在反射面主索网安装时也对索力进行了控制。最终，FAST 主动反射面主索网安装完成，连接下拉索和促动器，进行张拉后，达到了预定的精度。

索网安装完成后，施工人员开始将反射面单元安装到索网上。反射面单元是一个边长约为 11 m 的三角形，由面板和背架等组成。反射面单元本身有一定的弧度，这是为了更好地拟合基准球面和变形后的抛物面。反射面单元本身的形状在组装后是不变的，其通过 3 个端点连接机构安装到主索网的节点盘上，每个节点盘连接 6 个反射面单元的顶点。因此，节点盘数量约为反射面单元数量的一半。反射面单元是在地面拼装，然后吊装到圈梁上方的转运车，再放到索网上方预定位置进行安装的。反射面单元全部安装完成后，主动反射面就安装完成了。

在建造主动反射面的同时，也在进行馈源支撑系统的建造。馈源支撑系统最关键、最引人注目的就是 6 座馈源支撑塔。和反射面圈梁格构柱的情况类似，6 座馈源支撑塔顶部的高度一致，但由于大窝凼周围山体高度不同，塔的高度也不相同，最高的一座馈源支撑塔的高度达到了 173.5 m。

馈源支撑塔看起来和常见的高压输电线支撑塔不同。一个明显的差异是，高压输电线支撑塔相比馈源支撑塔非常单薄，馈源支撑塔则非常粗壮。这是因为馈源支撑塔对刚度有更高的要求，塔顶在横向力的作用下变形量不能太大，否则，六索柔性支撑系统加上刚度不够的塔，将难以精确控制馈源舱的位置。

除了馈源支撑塔，馈源支撑系统的另一个重要部分是馈源舱。馈源舱的直径虽然只有十几米，但却是一个非常复杂的装置。馈源舱连接着 6 根钢索，每根钢索通过馈源支撑塔塔顶的导向滑轮连接到塔底的卷扬机。总控系统控制卷扬机实现放索和收索，从而拖动馈源舱在高空运动。对于柔性支撑系统，考虑到馈源舱的重力，在一定范围内实现位置和姿态的完全控制所需要的钢索的最小数量就是 6 根。这 6 根钢索拖动馈源舱在望远镜焦面上运动。但仅通过这 6 根钢索，只能将馈源舱的位置精度控制在 48 mm 以内，无法达到观测所需的精度。

FAST 的焦距大约为 140 m，要实现 16″ 的指向精度，馈源相位中心的位置精度需达到 10 mm。为了实现观测所需的馈源相位中心的位置精度要求，在索驱动控制馈源舱的基础上，还需要对馈源位置进行调整，这是由馈源舱中的 AB 转轴机构和 Stewart 平台实现的。AB 转轴机构由两个环组成，可以看作有两根转轴的系统。Stewart 平台是一个六杆并联机器人，安装在 AB 转轴机构上。和六索柔性支撑系统的原理类似，Stewart 平台是用六杆实现对平台位置和姿态的控制的。与六索柔性支撑相比，Stewart 平台是刚性支撑，可以实现完全约束。馈源就安装在 Stewart 平台上。除了这些机构，馈源舱内还安装了接收机系统的制冷设备、管线和电子设备等。所有这些设备，加上馈源舱的质量，不超过 30 t，这是由馈源舱的六索柔性支撑系统的设计决定的。因为馈源舱质量增大，支撑索索力增大，馈源需要加粗，索驱动电机的功率需要增大，馈源支撑塔的受力也会增大，为了使变形量满足要求，塔的刚度需要进一步提高，塔的直径可能需要进一步增大，塔的质量会进一步增大，塔的基础也需要进一步加强，这可能导致在工程上无法实现。因此，馈源舱的质量上限是非常严格的。

最初的馈源舱设计为圆柱形，这是 FAST 密云缩尺模型使用的设计。后来发现，使用这种设计无法将馈源舱质量限制在不超过 30 t。要减轻馈源舱的质量，一方面要减轻馈源舱本身的质量，另一方面要减轻馈源舱内设备的质量。要减轻馈源舱本身的质量，就要改变馈源舱的形状和结构。首先，馈源舱的水平截面可以改为近三角形。其次，馈源舱的高度可以减小，使馈源舱变得扁平。这种设计可以充分利用舱内空间，减少冗余。这就是当前看起来像飞碟一样的馈源舱的由来。而且，馈源舱的受力结构是一个框架结构，在保证强度的前提下尽量减小了质量。

全可动射电望远镜的馈源舱是固定的，安装完成后随望远镜整体运动。阿雷西博射电望远镜虽然不是全可动射电望远镜，但其馈源支撑平台是固定的，馈源舱在这个平台上运动，一直处于高空中。和这些望远镜不同，FAST 馈源舱是柔性支撑、可以升降的。FAST 馈源安装在馈源舱下方，因此需要支撑住馈源舱边缘，使中心的馈源悬空，不触碰地面。因此，当 FAST 馈源舱降到地面上时，需要有一个放置平台，这就是馈源舱停靠平台。

FAST 的馈源舱停靠平台位于大窝凼底部中心，平台加上附属设施，占据了大约 5 个反射面单元的面积。在很长一段时间里，FAST 中心的 5 个反射面单元都采用了临时封闭的方案，以方便馈源舱降低到馈源舱停靠平台进行维护。也就是在馈源舱升到焦面进行观测的时候，要将 5 个反射面单元位置的空洞封闭，而馈源舱停靠的时候要将空洞打开。

为了达到长期平稳运行的状态，FAST 每个月都要降舱进行维护，检查舱内设备的状况，检测馈源舱和馈源支撑索锚固头。现在 FAST 也还在研制新的接收机，需要将这些接收机加装到馈源安装平台上进行测试。未来也可能对接收机进行更换，进行其他频段的观测。这些工作都需要借助馈源舱停靠平台完成。

馈源舱的 6 根馈源支撑索是事关整台望远镜安全的关键部件，索拖动的馈源舱的质量约 30 t，索的张力也可以达到相应的量级。如果索发生损伤，由于应力集中，可能产生连锁反应，导致一根索断裂，进而使应力集中到剩余的索上。索断裂可能撞击主动反射面，导致巨大的破坏。为了确保望远镜安全，馈源支撑索不仅要定期检测，而且无论实际是否有破损，每 5 年更换一次。换索的时候，就需要用到馈源舱停靠平台周围的附属设备。

4.2.2　主体结构的调试

FAST 主体结构的建设是浩大的工程，其建成是 FAST 建设的重要里程碑。然而，对一台射电望远镜来说，主体结构的建成不是终点，此时距离望远镜能真正进行观测还有很长一段路要走。

FAST 主动反射面由 4300 个三角形反射面单元和 150 个四边形反射面单元组成，由 2225 个节点对应的下拉索控制。下拉索改变反射面节点位置，从而改变反射面形状，形成观测所需的瞬时抛物面。虽然瞬时抛物面内涉及的节点数不到 1000 个，但实际的反射面变形涉及瞬时抛物面内、外超过 1000 个节点的控制（见图 4.1）。要实现整个反射面面形从测量到控制的闭环需要较长的时间，无法实现实时控制。因此，主动反射面采取了另一种策略，事先对一系列面形和对应的促动器伸长量进行测量，在数据库中存储这一系列面形的控制参数。实际变形的时候，使用插值得到的控制参数对反射面面形进行开环控制。面形和索力、促动器伸长量的关系依赖环境温度。因此，在实际工作中，反射面面形是需要定期标定的，一方面是考虑季节温度的变化，另一方面是考虑反射面本身可能会随时间变化。在冬季温度较低的时候，反射面索网的索力可能会超限，这时候需要临时改变反射面焦比，这是在调试过程中总结出的经验。

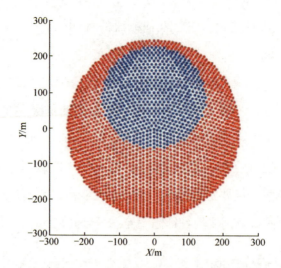

注：蓝色点代表变形区域内的促动器，红色点代表变形区域外的促动器。此图是将促动器置于一个现场坐标系中，X轴正方向是正东，Y轴正方向是正北。

图4.1　反射面变形区域的节点示意

　　反射面面形精度与望远镜的极限灵敏度息息相关。反射面照明区域的几何面积是一定的，但有效接收面积通常小于几何面积。如果反射面面形精度不够，有效接收面积可能接近0。按照鲁兹公式（Ruze formula），反射面面形精度应该小于工作波长的1/20。按照3 GHz的频率计算，反射面面形精度应该小于5 mm，这个精度包括反射面的加工精度和控制精度。分配到反射面控制，控制精度应该达到2 mm。经过标准源观测—反射面面形模型调整—标准源观测等多轮迭代，反射面的开环控制策略满足了精度要求。

　　反射面面形精度对望远镜的灵敏度有重要影响，但相对而言，望远镜的指向精度对反射面面形精度不太敏感。馈源相位中心的位置精度对望远镜的灵敏度和指向精度都有重要影响。馈源相位中心位于望远镜的瞬时焦点，是通过馈源支撑系统实现的。

　　馈源支撑系统包括6根馈源支撑索、支撑这6根钢索的6座馈源支撑塔，以及拖动这6根钢索的索驱动机房。此外，馈源支撑系统最重要的组成部分就是这6根钢索拖动的馈源舱。馈源舱内有精调平台，馈源安装在精调平台下方。

要使馈源相位中心精确地处于反射面变形形成的瞬时抛物面焦点上，馈源支撑系统需要控制 6 根馈源支撑索将馈源舱放置在抛物面焦点附近，并将位置精度控制在 48 mm 内。在此基础上控制馈源舱中的精调平台，将馈源相位中心的位置精度控制在 10 mm 内。

实际调试过程中，馈源支撑索、精调平台分别进行空载调试，确保控制逻辑正确，然后进行联合调试。主动反射面有 2000 多个节点需要测量。与主动反射面相比，馈源舱上的靶标不到 10 个，测量可以较快地完成，因而可以实现测量和控制的闭环。另外，馈源相位中心的实时位置对望远镜的灵敏度和指向精度都有很大影响，需要实时反馈。因此，馈源支撑系统采用闭环控制。

馈源支撑系统的调试也要结合天文观测进行，最终目标就是达到预定的指向精度。传统的全可动射电望远镜以及以类全可动方式运行的阿雷西博射电望远镜的指向定标主要是依靠码盘确定方位和俯仰，然后通过指向定标确定不同方位、俯仰的系统差，这些系统差作为指向模型预置在控制系统中，进行开环控制。FAST 的指向控制是依靠闭合控制馈源相位中心的位置。FAST 的指向定标也要确定不同方位、俯仰的系统差，只是这种系统差反映在馈源相位中心位置的测量值上，而不像其他望远镜那样反映在码盘的数值上。

经过多次定标观测和控制参数的调整，FAST 最终达到的指向精度优于验收指标和设计指标[1]。

| 4.3 测量与控制系统的建设和调试 |

测量与控制系统就像是一个双向的神经系统，一方面可以感知望远镜的状态，另一方面可以下达控制望远镜的指令。

1　验收指标为 16″，设计指标为 8″。

4.3.1　测量与控制系统的建设

　　FAST 测量与控制系统的主要工作是测量主动反射面面形和馈源相位中心的位置，并控制反射面面形和馈源舱的运动以及馈源舱内精调平台的运动。保证反射面的面形精度优于观测波长的 1/20，馈源相位中心的位置精度优于 10 mm。

　　反射面测量和馈源支撑测量基于一个包含 24 个测量基墩的基准网络[1]。在这些测量基墩上布设激光全站仪，在反射面节点和馈源舱上布设反射靶标（见图 4.2）。通过反射靶标反射激光测量此节点与多台激光全站仪的距离，从而确定靶标位置。在靶标位置的基础上，可以计算反射面面形和馈源相位中心的位置。因此，测量基墩是 FAST 基础结构的基础。

图 4.2　主动反射面节点上布设的反射靶标

　　测量基墩是独立于望远镜的，每个测量基墩的地基都有数十米深，直接与稳定岩层接触。每个基墩都加装了保温层，以便减少环境对基墩的影响，这保证了 FAST 基准测量网络的稳定。自建成以来，FAST 基准测量网络的绝对位置几乎没有变化，也几乎没有发生过地质沉降。

―――――――――

1　其中 23 个基墩位于反射面范围内，另一个基墩位于 FAST 周围的山体上（目前已经废弃）。

　　作为测量与控制系统重要的工作对象，FAST 主动反射面的每个节点以及馈源舱下方的馈源支撑平台都安装了靶标。通过靶标位置可以解算出反射面面形和馈源支撑平台的位置。

　　原理看起来似乎很简单，但实际要处理的问题却很复杂。激光测距通常假设"光沿直线传播"，这个条件在短距离情况下可以很好地得到满足。但如果距离较长，尤其是有很大高度差的时候，该条件是不成立的。从望远镜底部到反射面口面的高度差有数百米，空气密度的差异所导致的折射率差异会使激光传播路径产生较大的偏折，影响测量精度。这一偏折已经达到了望远镜指向精度的量级，事关 FAST 的正常运行。FAST 测量系统工作人员用一个巧妙的办法修正了这个影响带来的偏差，最终保证了测量精度。

　　如图 4.3 所示，在不同高度的两个基墩上放置激光全站仪，它们对向进行测量，这样就可以得到激光传播路径和直线的偏差。在随后的测量中修正这个偏差，就可以保证野外大高度差工况下的测量精度。

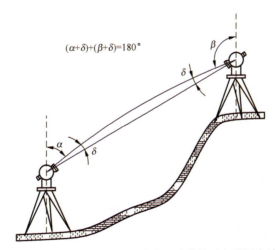

图 4.3　修正大气折射影响造成的偏差的对向观测方法

　　FAST 作为一台复杂的大型望远镜，主动反射面和馈源支撑系统分别建设了各自的控制系统，完成各自的控制。除此之外，FAST 接收机系统也有自己的控制程序。建设完成后，各系统协同工作需要统一的控制，所以在望远镜的层面建设了总控系统，实现对望远镜主动反射面和馈源支撑系统的协同控制。这样才能实现望远镜的各种观测模式，并控制接收机系统正确记录和存储数据。

4.3.2　测量与控制系统的调试

FAST正常工作的基础是测量与控制系统的正常运行。测量与控制系统正常工作的基础是准确的测量，测量采用的参考系是测量基准网。测量基准网是由分布在FAST反射面范围内以及周围的测量基墩（周围的测量基墩目前已废弃）组成的。测量基墩的稳定性是测量与控制精度的保证。测量基墩的稳定性监测是一项长期工作。到目前为止，测量基墩的绝对位置都没有显著变化。

测量数据是控制的基础，而控制的效果要接受天文观测的检验。望远镜指向敏感地依赖馈源支撑的控制精度，而反射面面形精度会极大地影响望远镜的增益。

最初，测量系统完全依赖激光全站仪。通常情况下，修正了高度差造成的激光传播路径对直线的偏差后，可以准确测量反射面节点和馈源支撑平台上的反射靶标位置。但激光全站仪测量受气象条件影响较大，在有降水和雾气的天气条件下，能见度降低，激光传播受阻，实时测量无法进行。喀斯特洼地中有自己的小气候，很多情况下，晴天的夜里，大窝凼里会充满雾气。对天文观测而言，这样的条件是非常理想的，系统温度低，也没有风扰动馈源舱。但在这样的条件下，雾气阻挡激光传播，激光全站仪通常无法正常工作。反射面采用开环控制策略，不受实时测量的影响，但馈源舱的控制需要实时测量。在激光传播受阻的情况下，馈源舱将无法控制，常规观测无法进行。这会导致调试效率降低，而且也必然导致正式观测的效率降低。为了解决这个问题，借鉴飞机的导航系统，测量与控制系统对惯性导航系统进行了调研，并最终在馈源舱内加装了惯性导航系统。这套系统和原有的测量系统融合构成了新的测量与控制系统。这样，在气象条件不满足激光全站仪使用条件的时候，使用惯性导航系统提供补充信息，直到激光全站仪恢复使用。这大大增强了 FAST 对恶劣能见度条件的适应性，减少了观测时间的损失。为了进一步提高测量系统的可靠性，测量系统还进一步发展了微波测量系统，以解决低能见度天气条件下的测量问题。

在调试观测期间，总控系统不断改进，优化了馈源舱启动和停止的控制参量，使馈源舱运动更为平稳，提高了控制精度和安全性。馈源舱控制是馈源支撑控制的一个重点，只有将馈源舱稳定控制在规划的运动轨迹上，舱内的精调平台才能进一步将馈源相位中心控制在瞬时抛物面焦点上。FAST 馈源舱的质量约 30 t，虽然与类似的望远镜相比，FAST 的馈源舱轻了很多，但其控制却并不简单。拖动约 30 t 的物体需要很大的力，如果突然启动，也就是说如果加速度很大，那么 6 根馈源支撑索将产生巨大的张力，这对支撑索和舱索锚固头来说都是非常危险的。由于惯性非常大，当馈源舱开始运动后，如果要停下来，就必须逐渐停下来。馈源舱启动和停止的策略是在调试观测过程中提出并不断优化的。除此之外，一些观测模式中的运动轨迹也在调试观测过程中不断优化。馈源舱除了不能突然启动和停止，还不能突然转向。这些操作都会产生很大的加速度，也就是会使馈源支撑索受到很大的力。在运动中扫描，扫描线近似为平行于经线或纬线的直线段。理论上，从一条扫描线切换到另一条扫描线的时候只需要拐两个直角弯。但在实际中，这种直角弯的本质就是在两个垂直方向上各施加了一个非常大的力，这对馈源舱和馈源支撑索而言都是非常危险的。因此，在进行运动中扫描观测时，从一条扫描线切换到另一条扫描线，馈源舱要沿着一条比较光滑的曲线运动。为了尽快切换扫描线，在这段时间内，望远镜通常不指向要观测的天区，馈源舱的这一段运动是不保证位置的控制精度的，但是仍然可以从测量系统获得馈源相位中心的位置。在这一段时间里，接收机依然在记录数据。这些数据对脉冲星、快速射电暴和 SETI 来说是有用的，增加了有效观测时间。

反射面的主索网有 2225 个节点，节点的位置决定了反射面的面形，所以测量与控制系统需要控制 2000 多个节点。如果要实现实时反馈的闭环控制，测量与控制系统就需要实时测量 2000 多个节点的位置。就 FAST 的测量与控制系统而言，这是无法实现的。要测量反射面的所有节点位置，大约需要半小时。因此，反射面闭环控制在目前是无法实现的。反射面控制采用的是开环控制的方案。虽然测量一个面形需要比较长的时间，但反射面的主索网是一个相对稳定的系统，不像馈源舱那样容易受到风的扰动，有很好的可重复性。当然，主索网也受到环境的影响，其中最大的影响就是环境温度。相比风的变化，环境温度的变化是缓慢的，主索网对环境温度的响应也是缓慢的，只要环境温度相同，促动器伸长量相同，就可以得到同样的面形。因此，只要记录一系列面形对应的环境温度和促动器伸长量，在使用的时候根据实际情况进行插值就可以得到实时的控制参量。经历了多轮迭代，反射面控制最终实现了开环控制，并实现了高精度面形，使望远镜的增益达到了设计指标。

| 4.4　电子学系统的建设和调试 |

若将 FAST 看作人，电子学系统就相当于其视觉细胞、视神经和大脑的视觉区域。具体来说，馈源相当于视觉细胞，接收电磁波信号，只不过这里的电磁波信号是射电波段的。而微波电路、光纤相当于视神经，用于传输信号。数字后端相当于大脑的视觉区域，把原始信号转换为方便使用的数据。

神经虽然没有躯干和四肢那样的尺寸和力量，但信息的收集、指令的下发都要依靠神经。如果没有好的电子学系统，射电望远镜就会失去灵魂，变得黯淡无光。

4.4.1　电子学系统的建设

从狭义上来说，电子学系统就是我们常说的接收机。与通常印象中的馈源相比，电子学系统要复杂得多。事实上，电子学系统包括馈源、微波电缆、电 / 光转换、光纤传输、光 / 电转换、数字后端等一整套系统。从广义上来说，电子学系统既要考虑望远镜整体的电性能，也要监测望远镜的电波环境，减少射频干扰对望远镜观测的影响，所以电子学系统还要完成电磁兼容设计和电波环境监测等工作。

在初步设计阶段，FAST 原计划要建造 9 套接收机，以完整覆盖 70 MHz ～ 3 GHz 频段。但随着超宽带接收机技术的发展，一台超宽带接收机就可以覆盖原来的几个频段（见图 4.4），所以有些接收机就不再需要了，最终，原计划的 9 套接收机减少为 7 套（见表 4.1）。7 套接收机中最重要的是 L 波段的 19 波束接收机（见图 4.5），覆盖 1.05 ～ 1.45 GHz[1] 频段。

表 4.1　FAST 的 7 套接收机

编号	频段 /GHz	波束数量 / 个	偏振模式	是否制冷	系统温度（T_{sys}）/K
1	0.07 ～ 0.14	1	RCP LCP	否	1000
2	0.14 ～ 0.28	1	RCP LCP	否	400
3	0.27 ～ 1.62	1 wide	LIN	是	35
4	0.56 ～ 1.12	1	RCP LCP	是	60
5	1.15 ～ 1.72	1 L wide*	LIN	是	20
6	1.05 ～ 1.45	19 波束	LIN	是	25
7	2.00 ～ 3.00	1	RCP/LCP	是	25

注：RCP 即 Right Circular Polarization，右旋圆偏振；LCP 即 Left Circular Polarization，左旋圆偏振；LIN 即 Linear Polarization，线偏振。
*：L 指 L 波段。

1　19 波束接收机实际的数字采样频率范围为 1 ～ 1.5 GHz。因为在靠近边缘的地方响应不是很好，对频谱观测而言，这部分频段无法使用，所以通常所说的频率范围为 1.05 ～ 1.45 GHz。但对脉冲星、快速射电暴等时域观测而言，1 ～ 1.5 GHz 频段的数据通常都是可用的，所以有时也说频率范围为 1 ～ 1.5 GHz。

四脊喇叭馈源

图 4.4　调试时的超宽带接收机（频率覆盖范围为 0.27 ～ 1.62 GHz）

图 4.5　安装在馈源支撑平台上的 19 波束接收机

　　馈源是接收机的重要组成部分，是接收射电波的最前端。馈源接收机的信号通过馈源尾部的探针引出，接入后端电路，经过放大器放大后传回位于综合楼的数字后端。

　　前文提到过，为了满足馈源支撑系统控制的要求，FAST 馈源舱质量有严格的上限，馈源舱内无法放置数字后端。因此，FAST 的数字后端放置于综合楼，和馈源相隔两座山，距离超过 1 km。直接传输电信号导致的衰减是不可接受的，相比之下，光信号传输的衰减要小得多，因此 FAST 采用光纤传输。在馈源舱中通过电 / 光转换模块将电信号转换为光信号，然后通过光纤传输到综合楼的机房中。光信号在这里通过光 / 电转换模块转换为电信号，接入数字后端。数字后端对电信号的时间序列进行傅里叶变换和适当的平均，将原始信号处理为不同时间分辨率、不同频率分辨率的数据。这些不同分辨率的数据被存储为方便响应的数据格式，就得到了可以进行后续科学分析的数据。

数字后端对望远镜的性能也有重要影响，好的数字后端可以提升望远镜的使用效能。FAST 有多套数字后端，主要分为脉冲星后端、谱线后端和 SETI 后端。

除了接收信号、产生数据的接收机系统，电子学系统还包括电波环境监测系统。该系统负责对所有电子电气设备进行电磁兼容的测量和评估，监测望远镜的电波环境，这些工作是由电波环境监测系统完成的。这个系统由电波环境监测天线和卫星过境预测软件等组成。

FAST 所在的地区群山环绕，周围设立了电磁宁静保护区。电磁宁静保护区内的部分居民搬迁到了附近的小镇，保护区内以 FAST 为中心、半径 5 km 范围内的无线通信基站都已经关停。附近小镇的无线通信基站也进行了降低功率和调整发射方向的操作。这些措施加上群山的遮挡，FAST 接收到的来自地面的射频干扰已经降低到基本不影响观测的程度。但是，随着导航卫星以及以 Starlink（星联天文网络，多称为"星链"）为代表的空间无线通信卫星的发展，来自天空的射频干扰变得越来越多。这不仅导致部分时间、部分频段的数据无法使用，更为严重的是，如果卫星发射凑巧正对 FAST 波束，可能导致 FAST 接收机饱和，甚至导致放大器被烧毁。因此，对过境卫星有所掌握、提供对望远镜的预警就变得非常重要。大部分人造卫星的信息都可以在公开数据库中查询，FAST 的卫星过境预测软件就是基于这些信息计算各颗卫星和 FAST 波束的距离的。如果卫星可能穿过 FAST 波束，软件就会发出预警信号，由观测人员用频谱仪监测 FAST 接收到的流量，如果流量增强，超过接收机系统的线性区，接收机就需要暂时关闭，等待卫星经过后，流量下降到安全水平，再重新开机进行观测。

4.4.2 电子学系统的调试

系统温度是射电望远镜的重要指标，降低系统温度是提高望远镜灵敏度的一项重要工作。相比增大有效接收面积，降低系统温度更为可行。对于 L 波段的观测，接收机噪声温度是系统温度的重要来源，因而噪声温度是接收机系统的重要指标。只有尽量降低接收机系统的噪声温度，才能保证望远镜的高灵敏度。降低噪声温度，需要尽量减小信号放大之前的噪声。最终，FAST 的所有接收机都达到了设计要求的噪声温度标准。其中，作为使用最多的接收机，L 波段 19 波束接收机的噪声温度优于设计指标，这使得 FAST 在 L 波段的灵敏度大大优于设计指标，这是超出所有人预期的。

FAST 的整体调试主要是借助 L 波段 19 波束接收机和超宽带接收机完成的。FAST 借助 19 波束接收机的观测，调整了馈源支撑系统的控制参数和主动反射面面形的模型参数。在这个过程中，研究人员发现了 19 波束接收机制冷管线的问题，并及时进行了整改。接收机系统要正确记录数据，还需要调整放大器和数字后端的增益，保证信号线性放大，并且得到的数值处于合适的范围内。通过数字后端记录的数据可以判断接收机系统的工作状态，从数据中可以看到辐射强度在整个频率范围内的分布，即带通曲线。带通曲线在中间频率范围（1.05 ～ 1.45 GHz）应该是接近平坦的，而在两端（1 ～ < 1.05 GHz 以及 > 1.45 ～ 1.5 GHz）是迅速降低的。这是因为增加了滤波器，将频段限制在 1.05 ～ 1.45 GHz 范围内。因为馈源本身在两端的响应不太好，最好的频段就是 1.05 ～ 1.45 GHz，但实际记录的数据是 1 ～ 1.5 GHz。对谱线数据来说，可用的频率范围就是带通平坦的 1.05 ～ 1.45 GHz 频段。而对脉冲星观测来说，虽然两端带通不平、增益不高，但因为脉冲星观测关注的是辐射强度随时间的变化，所以这些数据是可用的。从辐射强度的频率分布中也可以发现某些坏通道，这可能是来自外界的射频干扰，但也有一些是接收机电路中产生的。在调试过程中，这些电路中的人为效应也是需要重点关注的问题。最终经过对电路的调整，最大限度地消除了这些效应。

从数据中还可以看到一些不起眼的效应。对随机噪声来说，随着时间的积累，其强度正比于时间的平方根。如果接收机得到的信号没有干扰、没有人为效应，那么将某个频段在不同时间的数据叠加起来，其数值应该正比于数据时长的平方根。如果满足这个关系，就从一个方面说明接收机系统调整到了较好的状态。要进行这种检验，需要选择合适的频率范围，因为这种检验对很弱的射频干扰是非常敏感的。使用通道数更多的数据，更容易找到合适的频率范围。就脉冲星数据而言，即使是 8K 通道的模式，每个通道的宽度也超过了 50 kHz，这么宽的频率范围难免混入射频干扰。从带通来看，难以看出弱的射频干扰，但是通过检测强度随积分时间的变化就可以发现，很多时候，积分时间达到一分钟，强度变化就不再正比于积分时间的平方根了。也就是说，这个时候数据中已经混入了很多干扰，噪声不再符合白噪声的特征。这种偏离白噪声的行为对频谱观测的影响很大，因为很多观测是依靠增加积分时间来提高信噪比[1]的。目前来看，使用通道数较多的谱线数据，每个通道的宽度都比较窄，在这种情况下，有很多频率通道是不受射频干扰影响的，信噪比在积分时间为几小时的情况下依然正比于积分时间的平方根。

虽然足够多的通道数可以帮助我们识别射频干扰，但对任意射电望远镜来说，优良的电磁环境才是更基础、更本质的要求，是射电望远镜顺利进行观测、获得优质观测数据的基本保障。保障优良的电磁环境，要减少外来的射频干扰。这一方面是依靠 FAST 所处的环境，另一方面是依靠对

1　随着观测时间的增加，信号和噪声都是增大的，但是信号正比于时间，噪声正比于时间的平方根，所以信号和噪声的比值正比于时间的平方根。

干扰源进行排查和治理。电子学系统的一项重要工作就是搜寻可能的干扰源，并对其进行治理。距离 FAST 十几千米的天文小镇是距离 FAST 最近的较大的人类聚集区，这里有各种通信设施以及其他发出电磁干扰的电子电气设备。这个小镇上的通信基站都进行了降低功率和将辐射方向背离 FAST 的处理，这些处理极大地减少了人类活动产生的射频干扰对 FAST 观测的影响。

除了减少人类活动产生的射频干扰，更为重要的是处理好望远镜自身电子电气设备的电磁屏蔽。因为望远镜自身的电子电气设备距离接收机很近，微弱的电磁波泄漏也会造成很大的影响。作为 FAST 的主体部件，驱动主动反射面下拉索的促动器、驱动馈源支撑索的电机都进行了屏蔽处理，并通过了电磁兼容测试。相对较难处理的是测量系统的激光全站仪和馈源舱中的 Stewart 平台。

调试的时候发现，激光全站仪会产生很强的干扰，而且这种干扰在频谱上广泛分布，导致频谱数据无法使用。最终，所有激光全站仪都被放到了金属屏蔽罩中。屏蔽罩的窗口采用金属的蜂窝状网格，这种结构不影响激光的传播，同时还能将激光全站仪的射频干扰限制在屏蔽罩内。和激光全站仪一样，对望远镜主体附近的所有电子电气设备都进行了屏蔽，将小的设备放置在屏蔽箱中，将大的设备放置在屏蔽机房中。

馈源舱内的设备（包括精调平台）会产生大量射频干扰。调试初期，为了方便调试，馈源舱舱体和馈源支撑平台之间没有加装屏蔽布，馈源舱内的精调平台以及各种设备产生的射频干扰会直接从馈源舱泄漏，经过反射面反射进入馈源。通过调试观测发现，精调平台产生的干扰最多。漂移扫描模式由于馈源位置不变，不使用精调平台，所以观测数据不受此影响。事实上，调试观测很大一部分是使用漂移扫描模式完成的。加装了屏蔽布后，馈源舱内的射频干扰泄漏问题得到彻底解决，FAST 可以进行各种模式的观测，这对准确测量望远镜的指向精度、增益等性能参数非常重要。

| 4.5　性能指标的实现与国家验收 |

一台射电望远镜只有实现了设计的性能指标，通过国家验收，并对天文学者开放，才算是真正投入使用。望远镜性能指标的实现通常需要一定时间的调试。不同望远镜的调试时间不同，国际上著名的大射电望远镜（如德国的埃菲尔斯伯格望远镜、美国的阿雷西博射电望远镜和绿岸射电望远镜），调试时间都长达几年。基本规律是，系统越复杂，精度要求越高，所需的调试时间就越长。

FAST 作为一台自主创新的大射电望远镜，不仅在建设阶段缺少可以借鉴的前人经验，在调试阶段也面临很多特有的问题。FAST 的馈源支撑和主动反射面是两个独立的系统，没有刚性连接，相对位置可以随意变化，这和埃菲尔斯伯格望远镜、绿岸射电望远镜那样的全可动射电望远镜以及阿雷西博射电望远镜那样馈源平台固定的射电望远镜完全不同。那些望远镜从本质上来说，只需要控制一个系统的方位、俯仰，就可以控制望远镜的指向。而 FAST 需要分别控制馈源支撑和主动反射面，再把它们整合起来，这个复杂性超过了其他的望远镜。

4.5.1　性能指标的实现

FAST 需要实现的性能指标包括反射面张角为 112°、观测天顶角达到 40° 等几何指标，这些指标都和望远镜的几何形状有关，只要按照设计要求建造就可以达到。这些指标在建设阶段就已基本实现。

在这些基本几何指标之外，更为重要的是灵敏度、指向精度、面形精度和波束宽度等与观测直接相关的性能指标。这些指标互相耦合、互相影响，牵一发而动全身，是在调试过程中逐步实现的。

灵敏度是射电望远镜的一个综合指标，提高灵敏度可以使望远镜能够观测到更暗弱的源。射电望远镜要具有高灵敏度，需要达到低系统温度，形成高精度的面形，实现馈源相位中心的高精度控制。望远镜的系统温度有多个来源，包括银河系同步辐射、地面热噪声、无法分辨的随机干扰等。对于银河系背景辐射较小的频段，降低系统温度的一个关键是降低接收机的噪声温度，通常接收机按设计的方式正常运行才能满足这个要求。对于L波段19波束接收机，降低噪声温度不仅需要微波电路正常工作，还需要接收机制冷系统正常工作。接收机噪声温度主要来源于低噪声放大器（Low Noise Amplifier，LNA）之前的电路，这一部分电路将电信号从馈源底部的探针引出。为了降低这一部分电路的噪声温度，需要对其进行制冷。因为探针在馈源内，为了方便起见，对馈源整体进行了制冷。19波束接收机的馈源和后端电路整体放置在制冷杜瓦中，通过氦气循环进行制冷。

在FAST调试过程中，用于接收机制冷的氦气管容易发生泄漏，最终通过改进管线设计处理了氦气管易泄漏的问题。保证制冷之后，接收机就可以在较低的温度下正常工作，保持较低的噪声温度，提高望远镜的灵敏度。

影响射电望远镜灵敏度的另一个因素是反射面的有效接收面积。望远镜的几何口径和有效接收面积在建成后就基本确定了，但是，反射面的面形精度会影响反射效率，通常有效接收面积小于几何面积。根据鲁兹公式，反射面面形精度需要小于观测波长的1/20，反射面才能有效反射电磁波。只有良好的面形才能让有效接收面积更接近几何面积。主动反射面的变形需要控制2000多个节点，因为节点众多，完成一次面形测量通常需要约半小时，所以反射面调试无法进行实时测量，实时反馈修正。实际的做法是测量一系列不同的离散指向所对应的面形，将它们对应的促动器伸长量记录下来，作为面形的模型参数。在对定标点源进行观测时，使用插值得到的模型参数生成面形。通过定标点源的观测结果评价插值模型的效果。最终的定标点源的观测结果表明，插值模型给出的面形精度可以满足观测要求。也就是说，使用这种开环控制策略得到的面形精度是足够高的，这是由望远镜主动反射面的性质决定的。和馈源支撑系统不同，虽然主动反射面的索网也是柔性结构，但这个索网是由每个节点的下拉索进行张拉形成所需面形的。因此，相比馈源支撑系统，反射面的索网虽然受到温度的影响，但对风不敏感。FAST 主动反射面是一个相对稳定的系统，控制参量主要是自身的参数，环境参数主要是温度，是一个缓变的量，只有季节不同造成的温差才会产生明显影响。FAST 可以在月的时标上使用同一套面形模型，进行开环控制就可以达到面形精度的要求。

对标准源 3C286 的跟踪如图 4.6 所示。可以看到，跟踪过程稳定，说明馈源支撑系统和主动反射面系统精确协同工作。

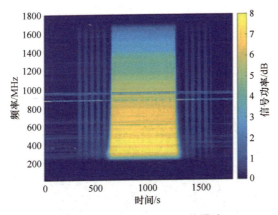

图 4.6　对标准源 3C286 的跟踪

除了接收机噪声温度和反射面面形精度，实际上，指向精度对望远镜的灵敏度也有一定的影响。指向偏差会降低望远镜的灵敏度。对定标点源进行观测，测量灵敏度的时候，指向精度是和面形精度等因素耦合在一起的。但相比之下，指向精度更多地依赖馈源相位中心的位置。可以先通过对定标点源的观测把指向调整到位，将指向精度提高到设计指标。实际的指向定标采用扫描成图的模式对定标点源进行观测，这样可以避免将指向精度的测量独立出来。保持反射面的控制参数不变，通过扫描观测可以得到定标点源的强度分布。拟合这个强度分布可以得到点源的位置，将其与理论位置进行比较，可以得出位置偏差，从而得到指向精度。在这个拟合过程中，还同时得到了望远镜波束形状的参数。

在得到定标点源实际位置和理论位置的偏差之后，可以修正馈源支撑系统和测控系统的系统误差。经过对馈源支撑系统和测控系统的调整，再对扫描观测定标点源进行检验，如此往复，经过多次迭代后，FAST 实际的指向精度最终优于验收指标。

与此同时，在指向定标点源时，测定的 FAST 波束宽度和波束形状也达到了验收指标。在指向精度达到要求后，FAST 的波束宽度和波束形状主要受反射面面形的影响。如上所述，FAST 主动反射面的开环控制策略不仅满足灵敏度的要求，同时也保证波束宽度和波束形状满足要求，这再一次表明主动反射面的开环控制策略可以达到精度要求，是可行的，如图 4.7 所示。

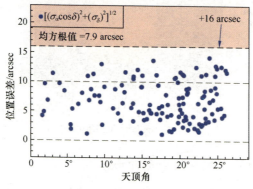

注：下标 α 和 δ 表示赤经和赤纬，σ_α、σ_δ 表示赤经和赤纬方向的指向误差。

图 4.7　实测的 FAST 指向误差，优于验收指标

4.5.2　国家验收

自 2016 年 9 月 FAST 建成开始，直到 2020 年 1 月，在经历了 3 年多的紧张调试后，FAST 主体结构稳定，望远镜高效运行，不仅几何指标满足

设计要求，指向精度、灵敏度等和天文观测密切相关的参数也都达到了验收指标。FAST 建设和调试过程中都保留了详细的材料，记录了整个建设和调试历程。通过审核建设和调试记录以及现场进行测试，FAST 通过了国家验收，正式投入使用。同年，FAST 向国内天文学者试开放。

经过一年对国内天文学者的开放运行，FAST 积累了很多观测运行的经验，进一步优化了控制流程，提高了观测效能，保证了更长的有效观测时间和更好的观测效果。2021 年 3 月 31 日，FAST 向国际天文学者开放。

至此，FAST 作为一台我国自主设计、建造的大射电望远镜，和德国的埃菲尔斯伯格望远镜、美国的绿岸射电望远镜等国际上的其他射电望远镜一起，屹立在国际舞台上。

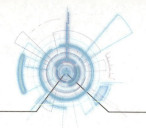

第 5 章　FAST 的运行管理与成果

| 5.1　数据中心与门户网站建设 |

观测数据是每台射电望远镜最重要的产品，是射电望远镜科学产出的基础。和望远镜主体结构一样，用于存储和分发数据的数据中心也是望远镜重要的基础设施。数据中心就像物流仓库，安全的存储和高效的分发是科学研究事业顺利发展的基础。对科学用户来说，数据中心是一个需要经常打交道，但又不会直接发生物理联系的地方，就像物流仓库。要想方便地查询和获得数据，方便的门户网站是必要的，就像购物网站一样。

FAST 门户网站是望远镜交流和展示的平台，是用户使用望远镜、查询数据的入口。用户可以通过门户网站了解 FAST 的运行状况、基本参数、观测模式以及历史观测数据，也可以使用门户网站提供的工具计算灵敏度、规划观测、提交观测申请。之后，用户可以使用门户网站提交观测参数。待观测完成后，用户可以通过门户网站查询数据状态。随后，用户可以根据门户网站提供的信息联系数据中心获取观测数据。

门户网站就是用户和望远镜以及观测数据之间的桥梁，是使用 FAST 进行观测、开展科学研究的起点。

5.1.1　数据中心建设

FAST 数据中心是在望远镜建设和调试过程中逐渐建设、发展起来的。

由于经费和最初科学目标的限制，起初 FAST 数据中心规模有限，只有放在临时总控室中的几台服务器。随着综合楼的建成，FAST 数据中心正式拥有了自己的机房作为工作空间。不断增加的存储服务器逐渐填满了机房中的机架。随着科学目标的增加和深化、技术的进步和设备的更新换代，FAST 数据通道数越来越多，时间分辨率越来越高，因而单位时间产生的数据量也变得越来越大。开始正式运行后，数据中心的重要性更加显著。如何安全存储数据，如何让用户方便地获取数据，都是 FAST 数据中心要解决的问题。

FAST 的观测模式很多时候是多目标同时观测的，单位时间的数据量由脉冲星观测主导。按照通常脉冲星观测每个波束每分钟产生 1 GB 数据、一共 19 个波束计算，FAST 每年产生的数据可以达到 10 PB，如果使用 16 TB 硬盘存储并且备份，一共需要 1000 多块硬盘，近 40 台 36 位的 4U 存储服务器才能满足要求。这将占据 10 个机柜，3 年的数据就可以占满最初位于总控室隔间的 FAST 数据中心。

为了解决数据中心数据存储容量不足的问题，工程人员利用 FAST 综合楼下方与山体之间的空间新建了数据中心机房，FAST 数据中心得以扩容。按照前文的计算，要按照 3 年至少 10 个机柜的容量进行规划。经过不断扩容和技术升级，FAST 数据中心目前支撑了 FAST 的正常观测运行。

但是，FAST 设计运行 30 年，而按照经验，射电望远镜通常可以运行超过 50 年。此外，随着接收机技术的发展，射电望远镜的观测数据量可能会逐年增长。按照前文的计算，数据中心所需的物理空间应该达到目前数据中心的 10 ～ 20 倍，最终对数据中心容量的需求可能比现在已有的容量要高 1 ～ 2 个量级。即使考虑到数据存储技术的发展，对数据中心物理空间的需求也至少是现在的 10 倍，因此仅依靠 FAST 综合楼本身是远远不够的。

为了解决容量的问题，FAST 数据中心采取了多项措施，其中之一是对数据进行分类。近期的数据在写成论文发表之前可能会经常使用，这类数据被称为热数据，存放在存储服务器中，方便工作人员快速读取。而相应的文章发表之后，通常数据的使用频次会下降，观测者通常存有备份，这样的数据称为冷数据，没有必要存放在存储服务器中，可以存储到存储密度较高的设备（如光盘库）中。

即使对数据进行了冷、热存储分类，FAST 数据中心未来仍然会面临存储空间不足的问题。原因在于，随着技术的发展，射电天文观测的带宽越来越大，时间分辨率和频率分辨率都向极限发展，接收机也会拥有更多的波束。未来 FAST 将使用 100 波束的宽带相位阵馈源，数据量可能达到现在的 10 倍，用于热存储的数据中心规模也需要达到现在的 10 倍，仅依靠 FAST 综合楼下方的空间是远远不够的，所以现在已经开始在贵阳的贵安新区和 FAST 附近的天文小镇建设未来的数据中心。这些数据中心建成后，将基本解决 FAST 数据存储的问题。

然而，作为世界领先的大科学装置，FAST 不应仅满足于基本解决数据存储的问题，还应该着眼未来。前文提到的冷、热数据分类存储只是基本解决了数据存储的问题，但远远不是最优解决方案。天文学早已进入多波段时代，正开始进入多"信使"时代。越来越多的研究需要同时使用多台设备的观测数据进行联合分析。并且，在不远的将来，天文学研究可能会用到数十年或数百年时间尺度上、多台设备的观测数据。这是一种新的研究模式，如何才能实现？有一点可以肯定，目前的冷、热数据分类存储的模式是无法适应这种研究模式的。在这种模式下，所有数据都应该能方便地快速获取，并进行交叉比对、联合分析。在有冷存储的情况下，数据的读取速度将成为最大的瓶颈，影响多波段、多"信使"数据的分析。要想转变研究模式，数据存储和获取的模式也必须转变。

目前已经有虚拟天文台和各大数据库收集了各个波段望远镜的观测数据，但目前的状态距离实现上述的使用长时标、多波段、多"信使"数据进行联合分析的研究模式还有很长的路要走。FAST 如何实现与其他观测设备数据的互联互通、互利共享，是值得所有天文工作者思考和努力解决的问题。

5.1.2　门户网站建设

门户网站是用户使用望远镜的起点。世界上正在使用的各个波段的望远镜，几乎都有门户网站，或简陋、或精美。但通常来说，信息全面、简单易用的网站更有利于帮助用户更好地使用望远镜和望远镜的观测数据。这会增加观测数据的使用频率，从而增加可能的科学产出。相对而言，哈勃空间望远镜（Hubble Space Telescope，HST）或韦布空间望远镜（James Webb Space Telescope，JWST）这样的空间望远镜经费充足，所以门户网站的质量通常较高，从其门户网站可以了解望远镜的历史和重要观测结果，还能获得精美的天体照片，找到适合小学生和中学生阅读的科普材料。虽然经费无法和空间望远镜相比，但一些射电望远镜也有信息完善的门户网站。美国的绿岸射电望远镜和德国的埃菲尔斯伯格望远镜都有很好的门户网站，除了提供望远镜信息和科普材料，还提供一些方便的数据处理脚本。美国的阿雷西博射电望远镜在其坍塌前运行了一个非常庞大的门户网站，这个网站虽然不那么精美，但提供的信息非常完备。从阿雷西博射电望远镜的门户网站上可以查询到每套接收机的设计参数和近期实际测量的参数，也可以查询到阿雷西博射电望远镜未来一段时间的观测计划。最有趣的是，网站上还有一个观测模拟器，在进行观测之前，可以把观测模拟运行一遍，确保观测的时候不出问题。

作为了解和使用 FAST 的起点，FAST 门户网站几乎包含了使用 FAST 所需的所有信息，这和其他望远镜的门户网站类似。FAST 门户网站经历了多次改进，在界面上集成了新闻中心、望远镜性能参数、观测申请、数据中心等模块。在 FAST 门户网站上可以看到 FAST 设备研制进展、FAST 科学成果、数据发布等新闻和通知。这是用户了解 FAST 动态最可靠的窗口，也是连接工作人员和用户的桥梁。

与阿雷西博射电望远镜那样固定分配观测时段的望远镜不同，FAST 的观测是动态执行的。用户获得阿雷西博射电望远镜的观测时间后，观测时间是分配到固定的时段的。在观测时段内，用户自己操作望远镜完成观测。相比而言，FAST 的观测操作要复杂一些，需要由工作人员完成，用户不能自己操作望远镜。用户提交源表和观测参数，工作人员根据这些信息，结合实际情况制订观测计划。这种观测模式的一个好处是可以提高观测时间的利用效率。固定分配观测时段的模式虽然可以给用户最大的自由度，但一方面用户不熟悉望远镜的所有细节，无法充分利用观测时间，另一方面，不同用户之间的源不能交叉观测，而交叉观测有时候是提高观测时间利用效率所必需的。简单来说，对于固定分配的时段，有时候会出现若干个源的可观测时段重叠，从而无法完全观测的情况，有时候又会出现一段时间没有可观测的源的情况。这一方面无法完成既定的观测计划，另一方面又浪费了观测时间。动态执行观测计划，可以将所有用户提交的源表综合起来制订观测计划，这样通常在每个时段都能找到可观测的源，不会造成观测时间的浪费。并且，在有很多源的情况下，可以尽量减少两次观测之间的换源时间，从而减少冗余，更充分地利用观测时间。

随着时间的推移，FAST 观测过的源越来越多，也积累了大量数据。虽然大部分数据是为了实现某个科学目标而进行观测得到的，但通常数据会有多种用途，可以实现多个科学目标。为了帮助天文学家充分利用 FAST 已有的数据，避免重复观测造成不必要的观测时间的浪费，FAST 门户网站提供了源表查询功能。通过查询，可以看到在某个坐标周围一定范围内的源是否曾被 FAST 观测过，使用了什么模式，观测了多少次，数据存储在什么位置等的信息。根据这些信息，用户可以判断是否需要进行新的观测或者补充观测。如果已有数据可以满足研究需求，并且已经公开，那么用户可以联系 FAST 数据中心申请使用数据。

撰写使用 FAST 进行观测的申请时，最重要的一项工作就是根据源的可能强度和实现科学目标所需的信噪比，结合所使用的接收机和观测模式估算积分时间。FAST 设计了很多不同的观测模式，包括跟踪、源上 - 源外（ON-OFF）、漂移扫描、运动中扫描，甚至也可以由用户自定义观测模式。根据不同接收机、不同观测模式，计算得到的观测时间不同。为了减少观测者的工作量，并统一标准，避免模糊和误解，FAST 门户网站整合了观测时间计算器。在编写观测申请的时候，需要使用这个计算器以减少计算错误，节省精力。

最为重要的是，FAST 门户网站是提交 FAST 观测申请和执行 FAST 观测的入口，撰写观测申请所需的信息和工具都可以在网站上找到，从这里可以找到 FAST 观测申请模板和观测申请编写要求。观测者在编写观测申请时，也可以查看 FAST 观测模式和接收机性能的信息，这些都可以在 FAST 门户网站中找到。用户在网站提交观测申请后，工作人员在后台收集观测申请，然后组织评审。评审完成后，工作人员根据评审结果分配观测时间，然后将这些信息反馈给用户。用户收到评审结果后编写观测计划并通过 FAST 门户网站提交，随后由工作人员操作完成观测。可以说，在观测的全流程中，用户都要依靠 FAST 门户网站。FAST 门户网站是和望远镜本身一样重要的基础设施。

根据以往经验和目前的情况，一些新用户通常不能很好地使用 FAST 门户网站，因而影响了他们使用 FAST 进行观测。为了解决这个问题，一方面需要不断完善 FAST 门户网站，另一方面，也需要在与用户的交流中对用户进行一些指导，并鼓励他们更多地使用 FAST 门户网站。

FAST 门户网站一直在进行更新和升级，除了发布科研成果和释放数据，还会更新 FAST 运行状况、用户手册和技术文档。此外，FAST 门户网站也会根据每年的用户调查以及平时收到的用户反馈对内容进行调整，增加用户急需的信息，完善网站的功能。为了用户能更好地使用 FAST 门户网站，

FAST 运行和发展中心还定期举办用户培训、开设暑期学校，这些活动可为新用户提供入门的指导，为老用户提供更新的信息。从实际效果来看，FAST 用户培训和暑期学校起到了对新用户启蒙和与老用户加强沟通的作用。

| 5.2　用户管理、数据管理和观测计划管理 |

5.2.1　用户管理

　　FAST 的用户通常也是 FAST 数据中心的用户，这些用户主要是科学工作者。然而，广义上的用户和计算机系统的用户一样，有不同的角色和权限，例如，系统管理员、项目负责人、项目成员、非项目成员等。

　　系统管理员负责系统的安全运行，进行日常维护、故障维修和系统升级等。FAST 数据中心负责数据存储和分发，是一个外部系统。而 FAST 接收机系统负责数据采集，是一个内部系统。为了确保望远镜的安全，FAST 对内部系统和外部系统进行了网络隔离。因此，将作为内部系统的 FAST 接收机系统处理原始信号产生的观测数据转运到作为外部系统的 FAST 数据中心，是系统管理员的一项重要工作。通常，如果数据量不是特别大，观测完成后几小时之内，观测数据就可以转运到 FAST 数据中心。及时转运数据是 FAST 正常运行的一项重要工作，也是用户进行科学研究的保证。对于一些时效性强、需要根据观测结果决定下一步观测计划的观测项目，及时转运数据的重要性更加显著。

　　除了转运观测数据，日常情况下，系统管理员还需要对科学数据进行整理、归档和发布。FAST 科学目标众多，观测模式复杂，经常需要进行多目标同时观测，科学数据的整理和归档工作非常重要。数据存储时通常按照项目号建立初级目录，然后在此目录中按照日期建立次级目录，再在各日期目录中存储数据。数据名称通常包括源的名称、观测模式、使用的波束以及生成数据的序号，所以根据目录和文件名可以得到观测数据的初步信息。但目录和文件名所包含的信息量是有限的。因此，一些辅助信息是非常重要的，这些信息包括馈源舱与馈源相位中心的理论位置和测量位置信息。系统管理员也需要将这些信息从总控系统转运到数据中心，供用户查阅使用。此外，在某些情况下，观测人员在观测过程中记录的望远镜运行状态以及特殊情况报告对用户理解观测数据非常关键。在某些情况下，对于观测数据中的异常情况，需要查询相应的观测记录，以便了解其产生的原因。同时，这些观测记录也是 FAST 作为大科学装置运行过程中必须留存的关键档案。因此，这些观测记录作为重要的观测档案，由系统管理员备份存档。

此外，系统管理员还负责联络数据中心的其他用户，为他们提供技术支持，并对用户进行管理，包括增加、删除用户，增加、减少用户权限，对用户进行分类等。FAST 的用户群体不断变化。随着 FAST 进入正式运行阶段，观测时间大幅增加，接收到的观测申请数量也越来越多。这些申请很多来自之前主要从事其他波段观测，甚至主要从事理论研究的天文工作者。因此，在目前的阶段，FAST 的用户群体正不断壮大。每位使用 FAST 进行观测的天文工作者都是数据中心的用户，可以在数据中心开设账户，方便查看自己的数据。系统管理员需要不定期增加用户和修改用户权限。有的用户的数据量较小，可以使用自己的个人计算机处理数据，而有的用户则希望使用自己的服务器处理数据。这些用户都可以联系 FAST 数据中心，邮寄硬盘或存储服务器复制自己的数据。有的用户希望使用 FAST 数据中心的服务器处理自己的数据，也有的用户把自己的服务器放置在 FAST 数据中心托管。针对不同的情况，需要对用户进行分类管理。每个用户都有查看自己数据的权限，但不使用 FAST 数据中心计算资源的用户没有使用计算节点的权限，仅可使用登录节点查看自己的数据。使用 FAST 数据中心计算资源的用户，可以通过提交计算任务的方式使用计算节点。在 FAST 数据中心托管服务器的用户，根据具体情况，系统管理员会授予其相应的权限。

对于 FAST 的每个观测项目,项目负责人就是责任人。在数据保护期内,对观测数据有专属的处置权,负责数据的分配、处理和科学成果产出。观测项目得到的数据通常有 12 个月的保护期,在这个时期内,只有项目负责人及其指定的用户可以访问数据。项目负责人可以决定哪些用户能成为项目成员、使用相应观测项目的数据。数据保护期结束后,数据成为公开数据,普通用户也可以使用数据,项目负责人不再拥有专属的处置权限。

FAST 观测项目的成员在征得项目负责人同意后可以使用项目数据。系统管理员需要根据项目负责人反馈的信息增加项目成员的权限。非项目成员未经授权不能查看和使用项目数据。明确观测数据的权限是天文工作者权益的基本保证。

5.2.2　数据管理

FAST 是一台体量巨大的复杂机器,控制 FAST 运行需要一整套复杂的总控系统和一些子系统,这些系统都使用了一定数量用于控制的服务器。这些服务器构成了 FAST 的核心计算机系统。这些核心计算机系统的安全运行是 FAST 安全运行的基本保证。安全起见,FAST 核心计算机系统和 FAST 数据中心的网络是分隔开的。核心计算机系统只对内不对外,FAST 数据中心要承担和用户交互的任务。FAST 的总控系统和外界几乎没有联系,但总控系统给出的馈源相位中心等信息要作为观测数据的一部分提供给用户。这个过程是单向的,由系统管理员将这些信息复制到数据中心。接收机系统记录的数据是射电望远镜的主要产出,按照射电望远镜通用的做法,FAST 观测数据首先存储在一个临时的服务器中,然后由系统管理员将其复制到 FAST 数据中心。

FAST 观测数据分为公开数据和非公开数据:公开数据是观测时间超出数据保护期的数据,非公开数据则是处于数据保护期的数据。按照要求,FAST 观测数据在观测后 12 ～ 18 个月会公开,变为公开数据。所有人都可以查看公开数据，并且可以通过 FAST 数据中心获取这些数据。非公开数据只有对应观测项目的项目成员或者经项目负责人授权的人员可以获取。

　　FAST 观测的数据量非常大，以脉冲星数据为例，每个波束、每分钟通常可以产生 1 GB 数据。典型的观测项目通常要观测几小时，数据量可以达到几百吉字节。FAST 有几百个用户，以目前的基础设施，无法经济地进行网络传输。如果每个用户都使用网络进行传输，那么网络将被堵塞，这种方案是不可行的，所以 FAST 数据采取快递存储介质的办法。用户将硬盘或服务器寄到 FAST 数据中心，管理员完成数据复制后再寄回给用户。

5.2.3　观测计划管理

　　为了充分利用观测时间，FAST 不采用按观测项目划分观测时段的模式进行观测，而是按照动态制订的观测计划进行。因为 FAST 是通用型射电望远镜，而且是接受开放申请的，所以 FAST 的观测类型多种多样，这决定了 FAST 无法像目标明确、模式固定的巡天望远镜那样常规地安排观测。FAST 观测计划面对的问题就像是把一堆形状不规则的拼图放到一个规整的图像中去，尽量保证空隙最小。更为复杂的是，有很多观测项目是需要随时调整的。FAST 的科学目标有一部分是观测暂现源，包括快速射电暴、超新星爆发、中微子源以及引力波源的射电对应体。这些源在物理本质上的联系尚不清楚，但从观测策略的角度来看是类似的，也就是要在别的望远镜探测到爆发后，尽快使用 FAST 进行观测。因此，上面提到的"观测计划拼图"可能需要临时变更，这些复杂的操作都需要由观测人员来完成。最早的时候，这些工作是用 Python 脚本来完成的，现在这些脚本已经整合到 FAST 门户网站上了。网页根据用户提交的观测参数生成观测指令，观测人员可以挑选合适的观测指令排定计划。观测人员会排定一定时间的观测计划，但由于经常需要变更，观测计划的制订不是一劳永逸的。观测人员要根据实际情况确定是否需要临时插入暂现源观测。此外，不成功的观测可能需要补充观测。

　　按照 FAST 征集观测申请的流程，在完成观测申请评审后，每个观测项目的总观测时长和源表基本是固定的，只有一些暂现源的观测项目是不确定的。项目负责人还需要在评审结果的基础上再确定每个源具体的观测时长、观测模式等信息，在 FAST 门户网站上按照规定格式填写具体、可执行的观测计划。在此基础上，工作人员可以排定 FAST 可执行的观测计划。因此，FAST 用户应该在观测申请获得批准后尽快提交具体的观测计划，以便 FAST 开展观测。FAST 观测是按年度执行的，一个年度的观测计划不会放到下一个年度，一个年度没有执行完的计划就不再执行了。有一些观测项目要求夜间观测，以减少太阳射电辐射产生的影响。于是，只有半年的时间可以完成这种观测项目。如果错过，这种观测项目就无法完成了。

　　如今的射电天文学发展迅速。天文学家在 2007 年首次发现了快速射电暴，随后发现了越来越多的快速射电暴和其他时变天体。今天，时域观测在射电天文学中变得越来越重要。快速射电暴、超新星射电对应体和引力波射电对应体已经成为 FAST 的重要科学目标。为了能满足对重要爆发现象的快速后随观测，FAST 的运行模式允许中断现有观测计划，插入新的观测计划。在不远的未来，这会是经常发生的情况。

　　需要注意的是，除了暂现源这种观测目标不确定的观测项目，寻常的观测项目不能随意更换观测目标。这涉及科研知识产权和科研伦理，观测与观测申请中差别很大的观测目标是不合理的。因此，在 FAST 观测申请评审结束、确定观测目标后，观测人员就将这些观测目标输入数据库中。每个项目的源表都是观测申请提交的源表的子集。项目负责人在正式提交观测计划的时候，只能从数据库自己的源表中挑选观测目标。如果在观测过程中要根据观测情况调整观测源表，需要向科学委员会提交申请，申请批准之后才能变更。对于暂现源观测，中断现有观测计划、插入新的源，本来就需要提交申请。这样的机制可以避免产生科研知识产权和科研伦理问题。

| 5.3　阶段性的科学成果 |

FAST 从调试阶段开始进行观测以来，已经取得了一系列科学成果。这些成果覆盖了 FAST 设计阶段的科学目标，也覆盖了新增的科学目标。

与科学目标类似，这些科学成果也可以分为 3 类：主要关注时间的性质、对时间分辨率要求较高的时域科学成果；主要关注强度随频率的分布、对频率分辨率要求较高的频域科学成果；以及对时间分辨率和频率分辨率都有一定要求的其他科学成果。

5.3.1　时域科学成果

时域科学观测的主要目标包括脉冲星、快速射电暴以及其他一些暂现源现象，例如超新星爆发和引力波源的射电对应体，以及中微子爆发源的射电对应体。目前，FAST 已经在对脉冲星、快速射电暴的研究中取得了一系列成果。

人类目前已经发现的脉冲星共有 3000 多颗，产生了两项和脉冲星直接相关的诺贝尔奖，一项是脉冲星的发现，另一项是通过测量脉冲双星轨道半径衰减间接证明了引力波的存在。因此，从历史经验来看，当发现的脉冲星数量达到千的量级，就有可能产生突破性的成果。从调试观测开始，FAST 就陆续发现了一批脉冲星。FAST 到 2024 年 11 月，已经发现了 1000 余颗脉冲星。这些脉冲星中有处于双星系统中的脉冲星，也有具有特殊脉冲轮廓和特殊辐射现象的脉冲星，这些发现帮助我们更深刻地理解了脉冲星的演化和辐射机制等问题。把这些脉冲星放到参数空间里看，有一些已经处于已知参数空间范围的边缘。例如，已经发现了目前已知球状星团中轨道周期最短和最长的脉冲双星。随着发现的脉冲星数量的增加，很有可能发现已知参数空间范围之外，甚至远离已知参数空间的脉冲星或脉冲双星。这些天体蕴含了获得重大发现的机会。

快速射电暴是 2007 年才发现的一类短时标爆发现象。不同于常规的爆发现象主要产生可见光和高能辐射，快速射电暴主要发出射电波段的辐射，目前尚不清楚它们的起源。FAST 也已经发现了一些快速射电暴，尤其是发现了若干重复的快速射电暴。因为 FAST 灵敏度较高，所以可以探测到非常暗弱的爆发，这些爆发用其他口径较小的望远镜难以探测到。FAST 通过对快速射电暴的重复观测得到了大样本的爆发事件，并通过对这些事件的统计得出了双峰分布。FAST 发现的大量暗弱爆发表明，很多看起来不重复的快速射电暴只是因为有些爆发比较暗弱，所以看起来"不重复"。

虽然快速射电暴的起源还不清楚，但 FAST 已经掀开了幕布的一角，让我们看到了一丝光亮。FAST 已经探测到了快速射电暴的偏振变化，明确了辐射起源于磁层活动。这些观测对快速射电暴（至少是一部分快速射电暴）的起源给出了很强的限制，表明一部分快速射电暴是磁层活动导致的，而不是无线电波爆发产生的。FAST 也定位了一些快速射电暴的寄主星系，通过测量旋转量和色散量推测了快速射电暴周围的环境，这些测量表明，快速射电暴起源于类似超新星遗迹的复杂环境中。此外，FAST 还和世界上其他射电望远镜联合测量了银河系内一颗磁星产生的快速射电暴。虽然这个快速射电暴与典型的快速射电暴还有一定的差异，但这个观测告诉我们，快速射电暴很有可能起源于类似脉冲星的天体。但是，关于快速射电暴，仍然有很多未知的问题亟待更多的观测来回答。

5.3.2　频域科学成果

频域观测的关键在于精确测定强度随频率的分布。观测的频率分辨率受限于望远镜的灵敏度。对小口径的望远镜来说，如果频率分辨率过高，就无法在合理的观测时间内达到一定的信噪比。举例来说，观测速度宽度小于 1 km/s 的中性氢 21 厘米谱线，100 m 口径的望远镜通常是满足不了观测要求的。阿雷西博射电望远镜是第一台达到这个频率分辨率的射电望远镜。

相比阿雷西博射电望远镜，FAST 的灵敏度更高，因而可以进行高频率分辨率的观测，这使得一些观测成为可能。中性氢窄线自吸收是一种分子云中的冷原子成分产生的现象，这种窄线自吸收最开始是使用阿雷西博射电望远镜观测到的。天文学家一直希望用中性氢窄线自吸收的塞曼效应测量致密分子云核的磁场。在 FAST 建成之前，天文学家使用阿雷西博射电望远镜进行过尝试，但没有取得成功。这种观测需要进行偏振测量，不仅要求望远镜具有很高的灵敏度，还要求望远镜有很高的偏振测量精度。FAST 正好同时满足这两个条件。FAST 对分子云核 L1544 进行了偏振测量，利用中性氢窄线自吸收的塞曼效应测量了这个分子云核中的磁场（见图 5.1）。这个磁场测量对恒星形成模型给出了限制，更新了我们对恒星形成过程的认识。

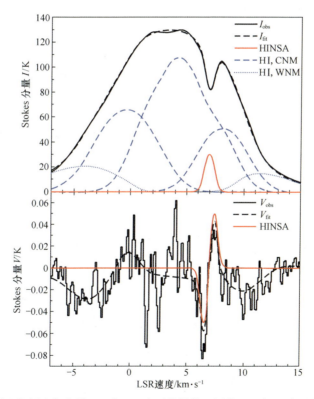

注：Stokes 分量即斯托克斯分量。下角 obs 表示分量的观测值，下角 fit 表示分量的拟合值。HINSA 即中性氢窄线自吸收。"HⅠ，CNM"即中性氢，冷中性介质；"HⅠ，WNM"即中性氢，暖中性介质。LSR 即 Local Standard of Rest，本地静止标准。

图 5.1　利用中性氢窄线自吸收的塞曼效应测量分子云核中的磁场

河外中性氢星系搜寻是 FAST 重要的频域科学目标。和快速射电暴观测不同，河外中性氢星系搜寻需要先进行长时间的数据积累，然后成批产出科学成果。在积累了几年的巡天数据后，FAST 已经探测到了一批河外中性氢星系。要完成河外中性氢星系的搜寻，还需要几年时间。但到目前为止，依靠高灵敏度，FAST 已经发现了一些近邻星系周围的新结构，包括 M106 周围可能的中性氢气体的吸积流以及一个主要由中性氢构成的暗星系。FAST 也在斯蒂芬五重星系群中探测到了迄今为止最大尺寸的弥散中性氢气体结构。这些观测为理解星系的演化和物质交换过程提供了新的信息。

5.3.3　其他科学成果

除了在对时间分辨率要求较高的时域观测和对频率分辨率要求较高的频域观测中取得的科学成果，FAST 在对时间分辨率和频率分辨率都有一定要求的其他方面的研究中也取得了很多科学成果。

星际闪烁是典型的对时间分辨和频率分辨率都有一定要求的科学目标。星际闪烁的观测需要测量射电源的动态谱，对动态谱进行傅里叶变换得到二次谱，在二次谱中搜寻特征结构。通过测量这些结构的参数，限制星际介质中湍流的能谱。FAST 利用脉冲星的动态谱和二次谱研究了星际介质中的湍流，并测定了脉冲星在三维空间中的运动方向。这些研究对于理解射电波在星际介质中的传播以及脉冲星的产生过程具有重要意义。

FAST 在设计阶段就制定了若干科学目标，其中就包括 SETI。由于射电信号的特性，将信号分为若干路对灵敏度没有影响，所以可以把信号分路接入不同的数字后端。借助多个数字后端，FAST 在完成通常的观测的情况下还可以进行 SETI 观测。SETI 观测主要有两种模式：一种是盲巡观测，另一种是定点观测。盲巡观测可以在进行其他观测的同时进行，不额外占用时间。定点观测[1]是对特定的恒星进行跟踪观测。这些恒星通常距离较近，

1　这种观测针对的是可能存在于围绕恒星的行星系统中的地外文明。

已经确定有行星系统，尤其是可能有行星位于宜居带[1]。这样的恒星周围有可能存在地外文明。SETI 的定点观测也可以同时兼顾其他科学目标，例如探测恒星射电爆发，对恒星射电爆发流量给出限制。恒星的射电辐射相比之下通常较弱，只有邻近的恒星产生耀发时才有可能被探测到。SETI 的目标恒星正好都是邻近的，因而有可能探测到它们的射电爆发，或者对它们的射电爆发流量给出限制。一方面，这对于恒星磁活动的研究有重要意义，是太阳物理和恒星物理研究的重要拓展；另一方面，恒星射电爆发观测对 SETI 本身也有重要意义。恒星射电爆发产生于恒星大气中的磁活动，通常伴随耀发或星冕物质抛射，这些过程会产生高能粒子。正如太阳爆发会对地球磁场产生影响，恒星爆发也会对周围的行星产生影响。如果恒星产生强度巨大的爆发，那么即使周围的行星上有生命，这些生命也会受到威胁。换句话说，恒星的爆发也是考量行星的宜居性需要考虑的重要方面。如果频繁探测到一颗恒星的强烈射电爆发，那么在这颗恒星周围找到地外文明的概率也会变低。目前，FAST 已经完成了对一批恒星的定点观测，探测到了一些疑似信号，但不能排除这些信号是仪器效应或者来自地面的干扰。而对恒星射电爆发的观测已经取得了一些成果，明确探测到了一些来自近邻恒星的射电爆发。

| 5.4　应用方面的探索 |

5.4.1　行星雷达

太阳系是一个包含众多类型天体的天体系统。太阳系中的天体是和太阳共同形成和演化的。太阳从分子云中形成，在太阳形成的同时，原始的

1　在恒星周围，有一个距离的范围，构成一个带，位于这个带中的行星表面可能存在液态水，因而最有可能孕育生命。这个带被称为宜居带。

行星也开始在太阳周围含尘埃的气体盘中形成。这个含尘埃的气体盘中的物质并没有完全形成恒星，而是形成了很多矮行星和小行星。行星是由小天体聚集形成的，事实上，小行星撞击地球就是这个过程延续到今天的实际表现。

从太阳系行星形成过程可以看出，行星是小行星并合形成的。因此，小行星作为太阳系的重要成员，可能保留了太阳系形成和演化的信息。对小行星的研究将帮助我们了解太阳系早期的物质组成和物理状态。此外，一些小行星可能蕴含地球上稀有的矿产资源，是未来太空采矿的重要目标。有的小行星含有大量铱，一般认为，地壳中的铱元素来自撞击地球的小行星。而有的小行星可能含有铼元素，这是地球上非常稀缺，但对航空工业非常重要的战略元素。如果能发现含有大量铼元素的小行星，并开展太空采矿，这将改变地球上铼的开采格局。

除了帮助了解太阳系演化和为人类提供稀有金属，近地小行星也可能对人类文明的延续产生威胁。近年来，新闻报道中落到地面的近地小行星已经有数颗。其中，坠落在俄罗斯车里雅宾斯克的小行星造成了比较大的破坏，造成千余人不同程度的受伤。这颗小行星的直径约为 18 m，坠落在人员相对稀少的地区，但也造成了大量人员伤亡。2022 年也有小行星坠落在我国浙江省，所幸没有造成人员伤亡。

目前人类已经可以对直径超过 1 km 的小行星进行跟踪监测，但还没有发现直径为 140 m ～ 1 km 的小行星，这类小行星坠落到地球上可能会造成严重的破坏。事实上，按照坠落在车里雅宾斯克的小行星造成的影响来看，直径比 140 m 小很多的小行星如果坠落到地球上，依然会对人类安全及生产生活产生很大影响。摸清这些近地小行星的分布和运动规律，做到心中有数，是保障人类安全的重要工作。

近地小行星通常非常暗弱，依靠光学观测不易发现。另外，它们也不发射无线电波，无法用射电望远镜直接探测。小行星就是一种"暗天体"，要想看到"暗天体",最好的方法就是主动照明。但在光学波段,很难对小行星进行主动照明观测。一方面,主动照明的可见光光源强度有限;另一方面,通常小行星在光学波段的反射率较小。但在射电波段可以采用主动照亮的方式来进行观测,这就是行星雷达观测。

FAST 是一台射电望远镜,本身不发射射电波,所以无法对小行星进行主动照明。但 FAST 可以借助中国科学院国家空间科学中心等其他合作单位的雷达主动照射小行星来进行行星雷达观测。未来,如果配套建设大功率雷达,我们将有可能对近地小天体进行普查,对一些感兴趣的小行星进行三维成像。

5.4.2　脉冲星时间基准

脉冲星由于转动惯量巨大,其转动由其自身性质决定,几乎不受外界影响。在确定基本参数和周期变化规律后,脉冲星可以作为非常准确的时钟,事实上,经过长时间测时观测的脉冲星,时间精度已经超过了目前大部分的原子钟。因此,原理上可以使用脉冲星发展一套时间基准。

脉冲星计时观测测量的是脉冲到达时间。脉冲到达望远镜的时间受到很多因素的影响,除了星际介质导致的色散,也就是不同频率的脉冲到达时间延迟不同,还有太阳系各天体运动造成的太阳系质心运动,以及地球自身的公转和自转。太阳系各天体的运动规律用太阳系星历表来描述。此外,太阳风也会对脉冲星的脉冲到达时间产生影响。把这些因素造成的影响都弄清楚以后,就可以得出一个精确的脉冲星计时模型。反过来考虑,脉冲星计时观测在用来发展时间基准的同时,也能用来改进太阳系星历表和太阳风模型。

脉冲星是宇宙中的时钟和灯塔,是不受人类影响的时钟和灯塔。脉冲星在提供时间基准的同时,也能用于定位。但相对而言,脉冲星的位置精度目前只能达到千米量级,这个精度对宇宙航行是可以接受的。对星际航行而言，脉冲星导航可能是少数可以使用的导航方法。

| 5.5 信息发布和大众科普 |

5.5.1 信息发布

FAST 运行和发展中心经常有一些信息需要发布，除了重要的科学成果，还有例行的公开数据发布、观测申请信息以及观测申请评审结果的发布。除了通过 FAST 门户网站发布科学成果和重要信息，一些通知还通过邮件发送。

FAST 运行和发展中心会不定期发布重要的科学成果，在 FAST 门户网站上可以看到这些成果的发布信息，包括对成果的介绍文章和相应的媒体报道。特别重要的成果会举行新闻发布会，以便让更广泛的受众了解 FAST 所取得的重要科学进展。

FAST 运行和发展中心每个季度都会定时发布已经公开的数据。全世界的天文学者都可以查阅这些数据的基本信息，包括观测源的坐标、数据量、观测时间、观测状态等。这些信息可以帮助天文学者了解 FAST 已有数据的情况，避免重复申请观测，提高数据的使用率，增加数据的科学产出。未来，多波段、多"信使"研究会成为天文学研究的重要范式。因此，将多个观测站、多台望远镜的观测数据整合起来是未来的一个努力方向。

除此之外，FAST 运行和发展中心还会在每年年初发布新一年的观测信息，包括可以申请的观测时间、可用的接收机、可用的数字后端等。在查询数据基本信息的基础上，观测者可以根据这些信息撰写观测申请。

每年年初完成观测申请征集后，经过几轮评审，最终会确定各个观测申请的评分以及相应的观测时间。这些结果会在年中的时候发布，结果主要通过邮件通知申请人。

5.5.2　大众科普

FAST 已经成为我国的标志性大科学装置，是中国天文学的一个重要代表，受到了全国人民的关注。

自正式运行以来，FAST 在快速射电暴、中性氢等研究中取得了一系列成果，这些成果的发布也发挥了很好的大众科普的作用。FAST 的几乎每个成果都能引起大众的兴趣，这对大众科普而言是一个积极的方面，借助 FAST 以及 FAST 取得的成果，可以很好地向大众普及相关的天文知识和其他科学知识。

每年，通过不同的途径，在不同的场合，有很多关于 FAST 建设历程的报告。不仅在北京和 FAST 台址，在与 FAST 有关的很多研究所和大学也举办了很多和 FAST 有关的讲座。这些讲座不仅介绍 FAST 本身，还介绍一些基本的天文学知识。此外，也有专门的讲座帮助大众了解 FAST 的重要科学进展。

自 FAST 建成以来，每年都有很多关于 FAST 重要科学成果的科普文章刊登在各种科普杂志和科普公众号上。此外，一些知名出版社也出版了多本图书介绍 FAST 的建设历程和 FAST 的科学研究成果。

除了举办科普讲座、发表科普文章和出版科普图书，各地还经常举办天文知识竞赛等科普活动。在这些知识竞赛中，对 FAST 及其科学成果的介绍是重要的内容。

第 6 章　FAST 的未来规划

| 6.1　可以预见的科学成果 |

宇宙中的天体除了占据时空中的位置，在一些虚拟空间中也占据了特定的区域。这些虚拟空间除了通常的相空间，还有由各种参数构成的参数空间。对天文观测而言，这些参数包括天体的位置（如赤经和赤纬）、角分辨率、时间分辨率、频率分辨率、观测灵敏度、观测时长等。

天文观测设备的升级、数据的积累通常对应着观测参数空间的扩展，这些工作可以开辟参数空间中的新区域。根据以往的经验，对参数空间新区域的探索往往伴随着新天体、新现象、新过程的发现。

1931 年，央斯基偶然发现了来自银心的射电辐射，人类认识到，天文观测不仅可以使用可见光，还可以使用射电波。人类因此多了一个观测窗口，在参数空间中开辟了一片全新的区域。在射电波段，人类看到了与可见光天空完全不同的天空。在可见光波段明亮的恒星，在射电波段变得暗淡，而在可见光波段不可见的射电星系的射电瓣在射电波段凸显了出来。射电天文的意义不仅是开辟了参数空间中的新区域，射电天文观测也启发人类，可以用于天文观测的波段不仅仅限于可见光波段和射电波段，必然还有更多的电磁波段可以用于天文观测。只是由于大气只有可见光波段和射电波段两个大的透明窗口，其他波段的观测要等到人类进入太空时代。

当人类发射空间望远镜，天文观测就开辟了红外、紫外、X 射线和伽马射线等多个波段。在这些参数空间的新区域中，天文学家取得了丰硕的成果，发现了很多在特定波段才能观测到的独特天体。未来，空间观测站乃至月球观测站的发展也会继续推动天文学扩展观测频段。可以相信，未来的天文观测将是全波段的。

6.1.1　近期科学成果

自开始观测以来，FAST 已经探索了一部分观测参数空间。FAST 是当今世界上灵敏度最高的单口径射电望远镜，所以它可以观测到一些暗弱的源，这些暗弱源用其他望远镜难以观测。对于类似快速射电暴的短时标现象，无法通过增加观测时间提高灵敏度，通过增大带宽提高灵敏度的效果也很有限，因为对于特定的天体，其辐射频谱宽度通常是有限的。对快速射电暴观测来说，提高望远镜的绝对灵敏度（增大有效接收面积，降低系统温度），才能探测到更暗弱的源。FAST 已经发现并观测了若干个重复的快速射电暴，这些观测明确了至少有一部分快速射电暴是磁层活动产生的，而且处于复杂的星际介质环境中。近期，随着发现的重复快速射电暴越来越多，借助精确的偏振观测，结合多波段的数据，FAST 有望确定至少一部分快速射电暴的起源。

FAST 已经积累了一批重复快速射电暴爆发的样本，随着样本的进一步扩大，可以回答这种分布是不是对快速射电暴普适的问题。此外，随着样本的扩大，也有可能从爆发中找到周期性或准周期性。周期性和准周期性可以帮助回答快速射电暴起源的问题。现在已经通过快速射电暴的频谱漂移特征以及快速射电暴周围的环境推测快速射电暴起源于类似脉冲星的天体。如果能找到快速射电暴爆发的周期，就可以确定其起源为转动的致密天体。

FAST 由于灵敏度和偏振测量精度较高，已经精确测量了一批快速射电暴的偏振特性随时间和频率的变化，并确定了几个快速射电暴的寄主星系，确认了快速射电暴位于类似超新星遗迹的复杂环境中，其辐射起源于磁层中的辐射过程。对唯一的银河系内的快速射电暴的观测也对其辐射区域的形态给出了限制。然而，银河系内的快速射电暴不是一个典型的快速射电暴，其光度和通常的快速射电暴相比要低很多，在这种暗弱的快速射电暴和典型的快速射电暴之间是否还有其他快速射电暴，这是一个值得研究的问题。要回答这个问题，需要做的就是扩大快速射电暴的爆发样本。对重复快速射电暴的监测表明，快速射电暴除了会产生明亮的爆发，还会产生比较暗弱的爆发。爆发能量呈双峰分布，但明亮的爆发和暗弱的爆发之间没有明显的间隔。这是不是普遍特征，还有待更大观测样本的确认。

如上所述，FAST 已经在对类似快速射电暴的短时标现象的观测中取得了丰硕的成果。随着观测时间的积累，FAST 也开始在银河系星际介质和河外星系研究中取得越来越多的成果。近期，FAST 还会在星际介质和中性氢星系等研究领域产出更多科学成果。

FAST 已经通过中性氢窄线自吸收的塞曼效应测量了一个分子云核中的磁场，改变了我们对恒星形成中磁场演化的传统认识。FAST 可以对更多分子云核进行类似的测量，这将帮助我们判断分子云核中的磁场演化偏离理论预言是一个普遍现象，还是会有更复杂的情况。

在中性氢星系搜寻中，FAST 也对阿雷西博射电望远镜可见天区外的高银纬以及外银道面天区进行了扫描，发现了数万个中性氢星系，不久的将来将首次发布部分天区的星表。未来 5～10 年，FAST 将完成全部可见天区（包括阿雷西博射电望远镜的可见天区，但巡天深度更深）的扫描，发布完整的中性氢星系的星表。

6.1.2　长期科学成果

参数空间的另一个重要维度是观测的时间跨度，这是无法通过建造大望远镜或更灵敏的接收机进行改善的。有一些天体现象的时标长达数年甚至数十年，这些现象的研究需要长时间的数据积累。

　　长时间的数据积累对于一些爆发现象统计性质的研究也是必不可少的。以快速射电暴为例，虽然目前对大部分快速射电暴没有观测到重复爆发，但这并不意味着这些快速射电暴确实是不重复的，可能仅仅是因为没有足够的观测时间覆盖。积累足够长时间的观测数据将帮助我们更好地了解目前看来非重复的快速射电暴的真正性质。

　　足够长的观测时间将帮助我们得到尽量完备的快速射电暴爆发的统计样本，从而得到相对准确的爆发占空比，这将帮助我们理解快速射电暴的辐射机制。正如太阳物理的理论要能解释太阳的 11 年活动周期，快速射电暴的理论也要能解释爆发的占空比。

　　经过足够长的观测时间，FAST 将积累足够大的重复快速射电暴的爆发样本，这些样本将告诉我们快速射电暴到底有多少种类别。现在已经发现了特别暗弱的快速射电暴、间歇性活跃的快速射电暴和持续活跃的快速射电暴。这些快速射电暴在本质上是否相同？有什么区别和联系？等等。这些问题都有待未来更大的观测样本来回答。

　　人类对宇宙的认识是不断深入的，恒星的名称最早源于人们发现恒星的相对位置和亮度似乎是恒定不变的。在一代人或几代人的时标上，从古代的观测水平来看，恒星位置和亮度的变化确实可以忽略。但是，随着观测精度的提高和观测时间的增加，我们已经观测到了很多恒星位置和亮度的变化。可以说，宇宙中不存在绝对不变的天体。

　　随着望远镜的发展和观测时间的积累，我们最终可能会发现大部分天体的变化。换句话说，随着观测时间的积累，我们会发现新的天体物理现象和天体物理过程。

　　天体的变化时标有一个天然的物理极限，这个时标的值不能小于天体的线尺寸除以光速。脉冲星作为致密天体，线尺寸相对较小，所以可以产生短时标变化。恒星上的活动区也会产生短时标变化，由于观测灵敏度的限制，现在在除太阳以外的恒星上能观测到的射电爆发的典型时标为数分钟到数小时。和观测重复的快速射电暴类似，恒星的射电爆发也是不定期发生的，所以需要进行长时间的多次观测，这样才能发现类似太阳 11 年活动周期这样的长时间变化周期。

星际介质云的典型线尺寸为 1 pc，这可以从恒星间的平均距离进行估算。考虑星际介质云中的密度结构（分子云核的尺寸为 0.01 ～ 0.1 pc）和星际介质运动的典型速度（1 ～ 10 km/s），星际介质云产生可观变化的最短时标为数百年。要直接通过观测星际介质云的中性氢 21 厘米谱线研究这种变化，我们需要能支持数据长期存储和获取的基础设施。

有迹象表明，星际介质中也存在数百天文单位的微小结构，以当前望远镜的角分辨和灵敏度还无法直接探测到这种微小结构。但是，如果这种微小结构位于一个明亮背景点源的前方，它会在这个点源的频谱上产生吸收谱线，因此可以通过观测吸收谱线探测到这些微小结构。因为这些结构的尺寸较小，所以变化时标可能在年的量级。

除了恒星和星际介质中的微小结构，河外星系中也会产生数年时标的变化。当今科学界认为，每个星系的中心都有一个超大质量的黑洞。有的星系有物质向中心的超大质量黑洞吸积，在各个波段发出辐射，也可能产生很强的射电辐射。大部分星系中心的黑洞是宁静的，几乎没有物质吸积。但活动星系和普通星系之间可能会互相转换，当活动星系耗尽吸积物质，其中心的超大质量黑洞就会变得宁静，而当普通星系中心的超大质量黑洞获得吸积物质，它就会变成活动星系。这个过程可以通过接近超大质量黑洞的恒星的潮汐瓦解产生。

近年来，已经在历史数据库和各类巡天中发现了一批潮汐瓦解事件。潮汐瓦解产生的物质吸积量与星系并合产生的物质吸积量相比要少得多。这可能在最初的吸积阶段后产生低吸积率的吸积流。这种吸积流很有可能产生射电喷流，从而产生射电辐射。虽然已经有了一些发现，但相对而言，潮汐瓦解事件是少见的，对其观测需要长时间的积累。射电喷流发生在潮汐瓦解事件之后，所以可以用已发现的潮汐瓦解事件作为源表进行射电观测，搜寻可能的射电喷流。

活动星系核的射电喷流通常是一种长期存在的大尺寸射电结构。当活动星系核中心是双黑洞时，射电喷流会产生周期性变化，这种变化可能反映了双黑洞的轨道运动。对射电喷流的长期监测对研究活动星系核的中心引擎以及星系并合演化的历史具有重要意义。

长期科学目标是 FAST 未来数十年的常规工作方向。长期科学目标的时标是由天体本身的时标决定的，完成这些科学研究需要时间的积累，无法仅通过升级接收机系统或建造更多大口径望远镜来实现。为了实现这些科学目标，不仅需要保证望远镜能长期、高效运行，还需要不断对接收机系统进行升级，并争取在周边建造一批口径为数十米到 100 m 的射电望远镜，与 FAST 组成阵列进行观测。更为重要的是，需要加大对数据中心的建设投入，保证观测数据在数十年间安全存储，且能方便地获取，并进行高效的处理。

| 6.2　望远镜性能提升的规划 |

6.2.1　超宽带接收机

随着技术的发展，现在已经可以建造频率比（频带高端：频带低端）为 7 ：1，甚至 10 ：1 的超宽带接收机，这些超宽带接收机的出现改变了 FAST 原有的一些设计理念。在 FAST 设计阶段，只能可靠地建造频率比为 2 ：1 的接收机。因此，为了覆盖 70 MHz ∼ 3 GHz 频段，FAST 设计了 9 套接收机。因为占地面积很大，要使用 9 套接收机必然涉及接收机的拆装或馈源支撑平台的更换。这个过程耗时、耗力，拆装过程还可能导致接收机系统的工作参数发生变化。

随着超宽带接收机技术的发展，9 套接收机减少为 7 套。频率比为 7∶1 的超宽带接收机已经可以实现较低的噪声温度，这使得 FAST 可以用较少的接收机实现完整的频率覆盖。现在，接收机可以进一步减少为 4 套，并且频率覆盖比 70 MHz ～ 3 GHz 频段更宽。这意味着覆盖整个频段的几套接收机有可能同时安装在馈源支撑平台上，观测时可以方便地实现频率切换，无须像原来那样拆装接收机或馈源支撑平台。

太阳是距离我们最近的恒星。对太阳的研究不仅对于理解 11 年太阳活动周、耀斑和日冕物质抛射等现象具有重要意义，它是一颗恒星，研究它，对恒星演化和恒星大气的研究也具有重要意义。

目前，大口径射电望远镜的超宽带接收机系统大多是为观测普通的射电源而设计的。宇宙深处的射电源因为距离遥远，射电望远镜接收到的来自这些源的能量非常微小。几十年来，全世界的射电望远镜接收的来自宇宙深处射电源的总能量还翻不动一页书。但是，对于距离我们最近的强射电源——太阳，用于观测普通射电源的接收机通常无法使用。要实现对太阳，尤其是太阳射电爆发的观测，需要对接收机进行专门的设计。

接收机系统的一个核心部件是放大器。放大器有一定的动态范围，适用于观测弱信号的放大器无法用于观测非常强的信号。强信号可能导致放大器工作在非线性区，这样得到的数据无法真实反映源的信号。更为严重的是，强信号可能导致放大器饱和甚至被烧毁。因此，为了对太阳进行观测，可能需要增加一套专门用于观测强信号的接收机。

同时，使用观测强信号和弱信号的接收机进行观测也有助于识别射频干扰的来源，减少射频干扰对观测的影响。

6.2.2　相位阵接收机

目前 FAST 使用的多波束接收机是由多个馈源喇叭组成的。这样形成的多个波束之间有空隙，要实现对天区的完整覆盖，需要多次观测或进行扫描观测。扫描观测虽然可以实现对天区的完整覆盖，但这种观测模式只适用于频域观测。时域观测需要连续的时间序列，所以需要进行跟踪观测。FAST 使用 19 波束接收机进行跟踪观测，要不留空隙地覆盖天空，则需要 4 个位置一组进行观测。这种填补空隙的观测模式相当于浪费了部分观测时间。

使用相位阵接收机可以弥补这个缺点。相位阵接收机没有空隙，可以接收到焦面上的所有信息。基于接收到的信号，通过数字波束合成，形成多个波束。波束的位置取决于接收单元之间的时间延迟，因为是数字波束合成，这些时间延迟可以调整，从而使得波束之间交叠，实现对观测天区的连续覆盖。

使用相位阵接收机形成交叠的波束可以提高观测效率，避免多次观测，这可以节省大约 3/4 的观测时间。此外，使用相位阵接收机也可以减少 4 次观测的增益变化产生的测量误差，这使得跟踪观测的数据也可以用于谱线成图。因此，在脉冲星搜寻观测的同时也能进行星际介质成图，从而进一步提高观测效能，节约观测时间。

| 6.3　下一代巨型射电望远镜 |

从射电望远镜的发展历史以及射电天文发现的历史来看，望远镜的灵敏度和角分辨率不断提高，射电天文发现也不断涌现。

射电天文的新发现与望远镜灵敏度的提高是有直接关系的。我们总是希望建造更灵敏的射电望远镜，以此得到新的发现。但是，与计算机发展的摩尔定律一样，射电望远镜的灵敏度发展最终会达到物理极限。

天文观测主要依赖电磁波，现在也开始使用中微子和引力波。这些观测所依赖的粒子和波就是携带信息的"信使"，这些"信使"的特点是基本沿直线传播，所以容易判断其来源。带电粒子也是重要的"信使"，但其受星际磁场的影响，传播路径通常不是直线，所以难以判断带电粒子的来源。

如果观测所依赖的"信使"严格沿直线传播，那么理论上观测的角分辨率没有上限，只要建造更大的望远镜和使用更长的基线就可以达到更高的角分辨率。但实际上，电磁波、中微子和引力波的传播受到引力透镜的影响，不严格沿直线传播，所以观测角分辨率有天然的上限。当然，目前人类的观测设备的角分辨率距离这个上限还有一定的距离。建造大射电望远镜仍然能帮助我们扩展观测的参数空间。

6.3.1 未来的单口径射电望远镜

由于地球重力的作用，地球上最高的山不超过 10 km 高。目前人类建造的最高建筑不超过 1 km 高，理论上能建造的最高建筑物的高度不会超过 10 km。考虑到馈源支撑塔、反射面结构的高度，望远镜口径的极限也差不多是这个量级。

而实际上，可能很难建造口径在 2 km 以上的单口径射电望远镜。一方面，那样的望远镜需要超过 400 m 高的馈源支撑塔，塔的刚度很难得到保证，使得馈源舱难以控制。另一方面，很难找到口径在 2 km 以上、形状合适的喀斯特洼地，因为地下河的深度有限，不可能有特别深的喀斯特洼地。

口径更大的望远镜只能架设在重力更小的地方，如月球或太空，在这里，物理极限的影响变小了。在月球或太空建造大口径射电望远镜会面临巨大的技术挑战，但这是一个可行的方案。已经有很多研究者提出利用月球背面的陨击坑建造射电望远镜。因为低频射电观测对面形精度的要求不高，而且因为月球没有地球这样的电离层，所以可以在月球背面进行极低频射电观测，这是在地球上无法实现的。

6.3.2　射电望远镜阵

未来要在地面上获得更大的接收面积，建造射电望远镜阵是一个重要的努力方向。著名的 SKA 已经在澳大利亚和南非建成了两个先导阵列，完整的 SKA 有望在 2030—2040 年建成。美国也计划建造下一代甚大阵（next generation VLA，ngVLA），因为其位于北半球，可以看作对 SKA 的补充。

我国也有必要以现有的射电望远镜（特别是 FAST）为基础，建造我国自己的射电望远镜阵，这是有现实意义的。现在 FAST 观测快速射电暴面临的一个问题是定位不准，这是因为 FAST 在 L 波段的波束宽度约为 3′，这对快速射电暴的精确定位来说还是不够。除了近邻星系，星系通常的角尺寸为几角秒，一个 FAST 波束里可能有多个星系。只有将角分辨率提高到角秒量级，才有可能对快速射电暴进行精确定位。

对于重复的快速射电暴，有可能在 FAST 探测到快速射电暴并且确定了色散量之后，用其他望远镜阵进行后随观测。望远镜阵通常由几十米口径的望远镜组成，所以视场超过 FAST 波束大小。通常，望远镜阵的基线长度可达数十千米，以甚大阵为例，其基线长度可以达到 36 km，因而 L 波段的角分辨率可以达到 3″ 左右。FAST 有自己的观测计划，要和其他望远镜阵进行协同观测有一定的难度。此外，甚大阵这样的阵列和 FAST 没有同时观测的条件。用其他望远镜阵配合 FAST 进行后随观测通常只对重复频次高的快速射电暴有效。

对于不重复或重复频次非常低的快速射电暴，如果有一个望远镜阵和 FAST 同时观测，甚至 FAST 能加入这个望远镜阵，就有可能实现实时精确定位，这样可以节省大量后随观测的时间。为了实现这一点，这个阵列应该建设在 FAST 附近，这可以保证其与 FAST 有共同的可观测天区。此外，这样的阵列也方便 FAST 加入其中进行观测。

由于 FAST 口径相对较大，因此只需要在周边建造数十米口径的射电望远镜。这样，每一台望远镜与 FAST 构成的基线上的灵敏度都相当于百米口径的望远镜，在提高角分辨率的同时还保持了较高的灵敏度，这对于快速射电暴的实时定位很有帮助。这样的阵列对于搜寻和定位其他时变信号也很有优势。地外文明信号在某种程度上也是时变信号。如果这种信号来自某颗行星上的文明设施，那么这种信号是窄带的，而且随着行星的转动，其频率会产生漂移。在探测到信号的同时，借助阵列的角分辨率，可以将信号的来源确定到几角秒范围内，这可以帮助我们确定信号是否来自某颗恒星周围。

此外，这样的阵列对于谱线成图观测也有优势。阵列望远镜通常的一个问题是短基线采样不足，解决办法是用一个大口径望远镜进行补充观测，填充短基线的部分。对于 FAST 周围的阵列，FAST 就可以很好地发挥这一作用。采用阵列进行观测，通过 FAST 的观测补充短基线的采样，这样就可以得到流量准确的谱线成图。

6.3.3　其他类型的射电望远镜

现在人们已经开始思考和设计其他类型的射电望远镜，其中一种类型是抛物柱面望远镜，代表有加拿大的 CHIME 和我国的天籁望远镜。这两台望远镜最初的科学目标是进行中性氢强度映射，探测宇宙的再电离时期，研究宇宙的演化。后来，随着快速射电暴被发现，人们意识到，CHIME 和天籁望远镜的视场较大，可以覆盖较大的天区，非常适合用于快速射电暴的搜寻。后来的观测证实了这一点。CHIME 已经成为目前发现快速射电暴最多的望远镜，它完全改变了快速射电暴研究的范式，快速射电暴已经从单个源的研究逐渐过渡到小样本的研究。我国的天籁望远镜也已经开始发现快速射电暴。未来，随着更多快速射电暴被发现，快速射电暴的研究将进入大样本的时代。快速射电暴的秘密有望在未来几年被揭开。

基于喀斯特洼地和其他类型的洼地，除了建造 FAST 这种类型的射电望远镜，还可以建造口面法线向南倾斜的射电望远镜，实现对银心的观测。和传统的全可动射电望远镜不同，FAST 采用主动反射面技术。这种创新设计使得 FAST 实现了全可动射电望远镜目前无法达到的巨大口径。但是，这种设计使得 FAST 的可观测天顶角不能超过 40°（未来通过改进馈源支撑系统，可观测天顶角可以达到 60°），并且当天顶角超过 26.5° 时，瞬时抛物面超出反射面区域，导致有效接收面积减小，灵敏度下降。如果建造口面法线向南倾斜的射电望远镜，即使天顶角不超过 40°，也有可能观测到更靠南边的源，甚至实现对银心的观测。从工程的角度来说，建造这样的望远镜的难点仍在于精确控制馈源支撑系统的姿态。

在地球上建造射电望远镜受到地球重力、天气等因素的影响，而月球上的重力只有地球表面的六分之一。理论上，月球上可以建造口径为 60 km 的射电望远镜。月球上没有风雨雷电，因而在月球上建造望远镜无须考虑大风、积水、冰雹、雷击等问题。此外，由于潮汐锁定，月球总是一面朝向地球，另一面背向地球，因此月球背面的电磁环境相对宁静。于是，仅从环境因素而言，月球背面是建造射电望远镜的理想场所。和地球一样，月球上也有众多洼地，只不过这些洼地大多是陨石撞击产生的。未来，可以在月球的陨击坑中铺设反射面，建造频率低一些的射电望远镜，这种望远镜对反射面的面形精度要求相对较低，不需要进行大规模土石方施工。从太空运输的角度来说，这种望远镜质量也较轻，比较可行。从科学目标的角度考虑，月球背面适合进行频率低于 30 MHz 的极低频射电观测。在地球上，由于电离层反射，这个频段的电磁波无法穿透地球大气到达地球表面，因此无法在地面进行观测。这个频段只能在太空或月球表面这样不受电离层影响的地方进行观测。

除了月球表面，尤其是月球背面，太空也适合建造大口径射电望远镜。目前人类在太空中建造的最大射电望远镜口径为 10 m，这个望远镜主要用于和地面望远镜进行甚长基线干涉观测。由于太空中没有重力变形，理论上，望远镜的口径不受限制。考虑到造价问题，未来将有可能在太空中建造百米甚至几百米口径的射电望远镜。这种望远镜可以是非常轻质的，不需要地面射电望远镜的复杂支撑结构，因而在技术上是可行的。由于没有遮挡，这些射电望远镜可以长时间观测某些特定的源，这种长时间连续观测有助于发现一些特殊的天体。很多特殊天体比较暗弱，而且变化规律在短时间观测中难以发现。一些脉冲双星的轨道周期为几小时，FAST 的跟踪时间可以达到 6 h，所以一次连续跟踪只能覆盖一个周期，很难直接得到脉冲双星的轨道周期。如果能连续观测数十小时，那么就有可能通过傅里叶变换直接得到脉冲双星的轨道周期。因此，长时间连续观测有助于发现一些特殊的天体，并精确测定它们的物理参数。长时间连续观测也有可能会发现脉冲星 – 黑洞双星。

这些太空中的大射电望远镜还可以和地球以及月球上的射电望远镜组成甚长基线干涉阵列，将地球上能达到的最高角分辨率提高 1 ～ 2 个量级，这将帮助我们获取星系中心黑洞周围吸积物质、活动星系核喷流、超新星遗迹的更多细节。

大事记

1994 年 6 月	中国科学院国家天文台前身——北京天文台设立大射电望远镜（LT）课题组，启动望远镜选址工作
1998 年 3 月	FAST 完整概念问世
1998 年 4 月	全国 20 家科研院所组建 FAST 项目委员会
1999 年 3 月	中国科学院知识创新工程首批重大项目"大射电望远镜 FAST 预研究"启动
2005 年 1 月	中华人民共和国国家自然科学基金委员会交叉重点项目"巨型射电天文望远镜（FAST）总体设计与关键技术研究"启动
2005 年 9 月	顺利通过中国科学院组织的国家重大科技基础设施"FAST 建议书专家评审会"
2006 年 3 月	中国科学院基础科学局举办 FAST 项目国际评审咨询会议，建议尽快立项和建设
2007 年 7 月	中华人民共和国国家发展和改革委员会批复 FAST 项目建议书，FAST 工程正式立项
2008 年 10 月	中华人民共和国国家发展和改革委员会批复 FAST 工程可行性研究报告
2008 年 12 月	FAST 工程奠基
2009 年 2 月	中国科学院、贵州省人民政府联合批复 FAST 项目初步设计和概算
2011 年 3 月	FAST 工程正式开工
2012 年 12 月	FAST 台址开挖与边坡治理工程验收
2013 年 10 月	《贵州省 500 米口径球面射电望远镜电磁波宁静区保护办法》开始执行（现已废止）
2013 年 12 月	FAST 工程圈梁钢结构顺利合拢
2014 年 11 月	FAST 馈源支撑塔制造和安装工程竣工验收
2015 年 2 月	FAST 索网工程顺利完成合拢
2015 年 11 月	FAST 馈源舱（调试用的代舱）首次升舱成功，馈源舱停靠平台通过验收
2016 年 3 月	中国科学院、贵州省人民政府联合批复 FAST 工程调整初步设计和概算
2016 年 6 月	FAST 综合布线工程验收，馈源舱（实际使用的正舱）主体完工

2016 年 7 月	FAST 反射面安装完成，FAST 主体工程完工
2016 年 9 月	超宽带接收机安装成功，FAST 完成首次脉冲星观测
2016 年 9 月	FAST 工程落成启用
2017 年 8 月	FAST 发现新脉冲星，实现中国射电望远镜脉冲星发现零的突破
2020 年 1 月	FAST 通过国家验收并正式运行和对外开放
2021 年 3 月	FAST 向国际开放
2024 年 11 月	FAST 发现的脉冲星数量超过 1000 颗